OpenClaw AI助理一本通

24小时全自动工作流

刘宸 龙汀汀 王啸啸◎著

化学工业出版社
·北京·

内 容 简 介

本书作为 OpenClaw 的专属实操应用指南，全面系统地介绍了 OpenClaw 的核心定位、产品哲学、技术架构与全场景落地实操方法，力求通过浅显易懂的讲解、可直接落地的操作指引和丰富的行业场景案例，帮助不同基础的读者快速掌握 OpenClaw 的使用与开发要领，解锁其作为数字分身重构个人与企业生产力的核心价值。

全书共 8 章，第 1 章立足 Agent 智能体时代，解析 OpenClaw 的产品哲学、核心架构与商业逻辑，完成对产品的基础认知；第 2 章聚焦 OpenClaw 的部署实操，详解硬件选型、环境配置、飞书消息通道接入与部署避坑技巧；第 3 章围绕智能体“大脑”配置，讲解多模型调度、提示词工程、记忆系统搭建与 API 成本监控方法；第 4 章专注技能开发，传授 Python 脚本调用、浏览器自动化、第三方 API 集成的实操技巧与实战开发思路；第 5 章讲解全自动工作流设计，实现智能体从被动响应到主动行动的升级；第 6、7 章为场景实战，分别解锁 OpenClaw 在职场效率提升、生活管理与私域运营中的多元用法；第 8 章聚焦 OpenClaw 的长期稳定运行，讲解安全防御、隐私保护方法，并展望其未来发展方向。

本书旨在为读者提供学习和运用 OpenClaw 的全方位实操视角，帮助读者构建专属的 OpenClaw 实战应用体系。本书不仅适合对 AI 智能体感兴趣的零基础初学者和进阶爱好者阅读，也适合职场人、私域运营者、企业开发者、产品运营等人员，以及希望通过 OpenClaw 打造 7×24h 数字分身、优化工作模式、提升生产效率、重构工作与生活体验的广大读者阅读。

图书在版编目(CIP)数据

OpenClaw AI助理一本通 : 24小时全自动工作流 / 刘宸, 龙汀汀, 王啸啸著. -- 北京 : 化学工业出版社, 2026. 3. -- ISBN 978-7-122-50331-2

Ⅰ. TP18

中国国家版本馆CIP数据核字第2026V5B993号

责任编辑：王婷婷　李　辰　　　　封面设计：异一设计

责任校对：王鹏飞　　　　　　　　装帧设计：盟诺文化

出版发行：化学工业出版社（北京市东城区青年湖南街13号　邮政编码100011）

印　　装：大厂回族自治县聚鑫印刷有限责任公司

710mm×1000mm　1/16　印张12　字数232千字　2026年5月北京第1版第1次印刷

购书咨询：010-64518888　　　　售后服务：010-64518899

网　　址：http://www.cip.com.cn

凡购买本书，如有缺损质量问题，本社销售中心负责调换。

定　　价：79.00元

前言
Preface

在人工智能从对话式Chatbot向自主式Agent智能体迭代的新时代，OpenClaw凭借私有化部署、全天候运行、自主行动的核心优势强势出圈，迅速成为AI智能体落地实践领域的爆款工具，引爆了个人与企业打造专属数字分身的热潮，为工作与生活的生产力重构带来全新可能。本书正是为满足广大读者学习与落地OpenClaw的需求精心编写，全方位拆解其部署方法、配置技巧、开发能力与场景应用，帮助不同基础的读者快速掌握OpenClaw的实操要领，实现从“会部署”到“会开发”再到“会落地”的能力进阶。

本书特色

1.全链路覆盖，精准对接部署与落地需求：本书内容布局覆盖OpenClaw从硬件选型、环境配置的基础部署，到技能开发、工作流设计的能力搭建，再到职场、生活、私域运营的场景落地，延伸出成本管控、安全防御、多智能体协作等细分模块，精准适配不同学习阶段读者的多元化需求。

2.聚焦核心价值，深挖智能体三大核心能力：本书紧扣OpenClaw的Agent智能体本质，详细讲解多模型调度、记忆系统搭建的“大脑”配置能力，Python脚本调用、第三方API集成的技能开发能力，以及定时任务、多Agent协作的自主工作流设计能力，全方位解锁其私有化、全天候、自主行动的核心价值。

3.解决实际问题，贴合真实场景的实操指引：本书围绕OpenClaw的落地应用设计一系列实操内容，从飞书通道对接、API熔断机制设置的基础操作，到新闻总结推送、行业研报生成的实战开发，所有步骤均经过实际验证，让读者能够快速上手、学以致用。

内容框架

本书基于OpenClaw的核心功能与落地逻辑编写而成，兼顾个人端与企业端的使用需求，全书共分为8章，各章节核心内容如下：

第1章初识OpenClaw：立足Agent智能体时代，解析从Chatbot到Agent的进化逻辑，讲解OpenClaw的产品哲学、核心架构与商业逻辑，完成对智能体数字分身的基础认知。

第2章部署准备与实操：详解OpenClaw的硬件选型方案、多平台环境配置方法，教你对接飞书消息通道实现移动端操作，同时梳理本地部署的常见报错与解决办法。

第3章智能体“大脑”配置：分享多模型路由调度、高级提示词工程的实操技巧，讲解基于向量数据库的记忆系统搭建方法，以及API熔断机制的设置要点，打造聪明又省钱的智能体核心。

第4章智能体技能开发：拆解OpenClaw调用Python脚本处理文件的底层机制，教你实现浏览器自动化与第三方API集成，通过实战案例掌握智能体技能开发的完整流程。

第5章全自动工作流设计：讲解定时任务与事件驱动的配置方法，实现智能体从“被动问答”到“主动行动”的升级，同时介绍多助理协作的初步尝试，解锁智能体协同能力。

第6章职场效率场景实战：围绕职场办公需求，讲解OpenClaw在自动会议纪要、智能邮件处理、深度研报生成等场景的落地方法，打造职场人的全能效率引擎。

第7章生活与私域场景实战：解锁OpenClaw在智能家庭中控、私域客服机器人、个人知识库搭建等场景的应用技巧，让智能体成为生活管家与私域运营助手。

第8章安全防御与未来进化：讲解OpenClaw的安全操作红线与数据隐私保护策略，介绍让智能体在对话中自学习的方法，同时展望其接入穿戴设备、机器人支架的未来发展方向。

读者群体

本书是面向全人群的OpenClaw实用实操指南，无论是想要入门AI智能体的零基础学习者、希望打造个人数字分身的普通大众，还是追求办公提效的职场人士、从事私域运营的从业者，抑或是负责企业AI工具部署的开发者、产品运营人员，都能从中找到适配的学习与应用方法。愿每一位读者通过本书掌握OpenClaw的核心能力，让智能体数字分身全方位赋能工作与生活，在Agent时代收获更高的生产效率与更便捷的生活体验。

特别提示

使用OpenClaw需严格遵守有关国家安全和个人隐私的相关法律法规，坚守国家安全红线，不得利用工具从事危害国家安全的行为；同时妥善保护个人及他人私人信息，严守数据安全底线，杜绝信息泄露与滥用。本书内容基于OpenClaw当前稳定版本编写，工具后续若有版本迭代，相关操作细节请以官方更新文档为准，建议读者关注官方渠道获取最新适配指引。

目录

Contents

第5章　全自动工作流设计：让AI助理“自己动起来”

第6章　场景实战 A：职场人的全能效率引擎

第 1 章
Agent 智能体时代：为什么你需要一个 7×24h 在线的数字分身

当AI从“对话工具”进化为“自主智能体”，我们正步入一个由数字分身驱动的全新时代。在这个时代里，Agent不再是被动响应的聊天机器人，而是能7×24小时在线、自主规划与执行任务的“数字分身”。它既是我们的延伸，也是生产力的倍增器。本章将从技术演进、哲学内核、架构设计与商业价值四个维度，揭开OpenClaw所定义的Agent智能体时代的底层逻辑，让你理解为何每个人、每个组织都需要一个专属的AI助理，重构自身的生产与协作方式。

1.1 从Chatbot到Agent：AI的“脑”与“手”

从Chatbot到Agent，是AI从“交互界面”到“自主实体”的关键跃迁。Chatbot的核心是对话，而Agent的核心是行动——它不仅拥有理解意图、生成决策的大脑，更具备调用工具、执行任务的双手。本节将拆解这一演进背后的技术逻辑，探讨AI如何从“听懂指令”走向“自主完成目标”，为我们理解OpenClaw的智能体能力奠定基础。

1.1.1 传统Chatbot的本质与局限

传统Chatbot是基于规则引擎、模板匹配或早期预训练模型构建的对话交互系统，核心目标是“问答匹配”。它本质上是一个交互界面，而非具备独立决策与执行能力的实体，设计初衷是降低标准化场景（如客服FAQ、简单查询）的人力成本。

1. 技术基础

传统Chatbot的技术演进大致分为两个核心阶段，其底层逻辑始终围绕“如何高效匹配用户输入与预设回复”展开，而非“自主理解与解决问题”。传统Chatbot的设计逻辑始终围绕“降低交互成本、标准化服务”展开，其核心特征可概括为三点：

（1）线性交互流程：输入→匹配→输出

流程拆解：

① 用户输入：用户通过文本或语音提出问题。

② 预处理：对输入进行分词、去噪、标准化（如将“我要退款”统一为“退款”）。

③ 意图/实体识别：通过规则或模型判断用户意图，提取关键信息。

④ 回复生成/匹配：根据识别结果，从模板库中选择回复，或通过模型生成文本。

⑤ 输出回复：将结果返回给用户，对话结束或进入下一轮线性交互。

本质：整个流程是单向、线性的“问答闭环”，系统仅对当前输入做出响应，不具备对历史对话的长期记忆或任务规划能力。

（2）能力边界高度依赖语料与规则

语料决定上限：系统的理解和回复能力完全取决于训练语料的覆盖度和质量。如果语料中没有“疫情期间退款政策”的相关内容，系统就无法回答此类问题。

规则固化流程：所有交互路径均由人工预设，用户无法自由跳出流程。例如，用户在售后机器人中说“我要退款但地址变了”，系统可能无法同时处理“退款”和“修改地址”两个需求，只能引导用户分步骤操作。

（3）决策机制：基于匹配而非目标驱动

匹配优先：系统的核心目标是“找到最相似的回复”，而非“解决用户的实际问题”。例如，用户问“如何修改订单地址”，系统可能匹配到“修改地址流程”的模板，却无法直接帮用户完成修改操作。

无自主规划：面对复杂任务（如“帮我安排下周的商务旅行”），系统无法拆解为“订机票→订酒店→安排接送机”等子任务，只能提供相关信息，无法自主执行。

这种技术基础与设计逻辑，决定了传统Chatbot本质上是一个高效的信息分发界面，而非具备独立思考与行动能力的智能实体。它能降低标准化服务的成本，但在复杂、开放、需要自主行动的场景中，必然会暴露其核心局限。

2. 传统Chatbot的核心局限

由于技术基础和设计逻辑限制，传统Chatbot会受到众多局限，导致功能受限。

◎ 被动响应，缺乏主动性

只能在用户发起提问后输出内容，无法主动发起提醒、推送信息或执行任务。例如，用户问“快递到哪了”才会回复，不会主动告知“快递今日派送”。

无法根据用户行为或时间节点主动干预，始终处于“等待指令”的状态。

◎ 上下文断裂，记忆能力弱

难以维持长对话的逻辑一致性，容易“失忆”。例如，用户先问“推荐川菜馆”，再问“有没有不辣的”，传统Chatbot可能无法关联上下文，给出不相关回答。

受限于技术架构，无法有效存储和调用历史对话信息，导致交互体验碎片化。

◎ 能力边界清晰，无法处理复杂任务

仅能处理预设范围内的简单问题，超出范围就会“答非所问”或转人工。例如，客服Chatbot只能解释“退款流程”，无法处理“退款+修改地址+重新发货”的复合需求。

对模糊、开放或多步骤的任务缺乏处理能力，无法自主拆解目标、规划路径。

◎ 缺乏“行动力”，只能输出文本

无法调用工具、执行操作，只能提供信息，不能完成任务。例如，用户说“帮我订机票”，Chatbot只能告知订票方式，无法直接完成预订。

与现实世界的服务和系统完全隔离，无法形成“感知-决策-执行”的闭环。

◎ 泛化能力差，依赖语料库

对未见过的问题、方言或网络用语，无法有效理解和响应。例如，用户用网络热词提问时，传统Chatbot很容易“听不懂”。

响应质量高度依赖训练语料的覆盖度，缺乏举一反三的能力。

◎ 决策能力缺失，无法自主规划

只能按照预设路径响应，不能根据目标动态调整策略。例如，用户说“安排商务旅行”，Chatbot无法拆解为“订机票→订酒店→安排接送机”等子任务。

不具备独立思考和决策的能力，本质上仍是“执行预设脚本的工具”。

1.1.2 Agent的核心定义：从“对话”到“行动”

正因为Chatbot的局限，才有了Agent的诞生。Agent不是被动的软件模块，而是能独立感知环境、理解目标、规划路径并持续迭代的“活的实体”。它像一个数字世界里的“代理人”，代表用户或组织在复杂场景中自主行动。Agent能形成闭环工作流，用户只需提出目标（如“帮我完成季度财报”），Agent会自主规划路径、调配资源，直到目标达成，如图1-1所示。

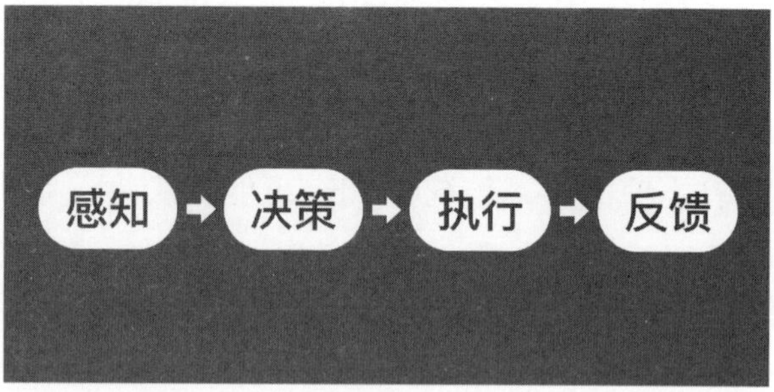

图 1-1

感知：通过文本、语音、传感器或数据接口，获取环境信息与用户意图。

决策：基于知识与规则，拆解目标、制定执行策略。

执行：调用工具、操作系统、完成具体任务。

反馈：将执行结果回传，修正认知与策略，形成持续优化的闭环。

1. Agent的“脑”：认知与决策的核心引擎

如果说Agent是一个完整的“数字人”，那么“脑”就是它的核心中枢。与传统AI只能做关键词匹配不同，Agent的“脑”具备了深度理解、复杂推理和动态规划的能力。Agent的“脑”具有三大核心职能：理解复杂意图、拆解任务目标、动态优化策略。

◎ 理解复杂意图

超越关键词匹配，能理解模糊、隐含或多维度的用户需求（如“帮我安排一个适合带父母的周末短途游”）。

结合上下文与用户画像，自动补全信息缺口（如默认选择父母偏好的舒适型酒店）。

◎ 拆解任务目标

将抽象目标转化为可执行的子任务树（如“财报”→“数据采集”→“分析建模”→“报告撰写”）。

动态调整执行顺序，优先处理关键路径（如先获取核心数据，再进行分析）。

◎ 动态优化策略

遇到意外（如数据接口故障、政策变化）时，自动切换备选方案。

从历史执行中学习，优化后续任务的效率与成功率。

2. Agent的“手”：工具与执行的行动闭环

仅有“脑”的智能还不足以解决现实问题，Agent必须拥有“手”才能将决策转化为行动。“手”是Agent连接现实世界的桥梁，让它不再局限于输出文本，而是能真正“动手”完成任务。Agent的“手”具有调用工具、执行闭环机制和多工具协同的能力，从而构建起完整行动闭环。

◎ 工具调用能力

连接API：调用支付、日历、CRM等企业服务，完成数据读写与业务操作。

操作软件：自动化办公软件、设计工具、代码编辑器等，模拟人类操作。

数据访问：从数据库、知识库或互联网中提取信息，支撑决策。

◎ 执行闭环机制

接收“脑”的指令，调用对应工具。

捕获执行结果与异常信息。

将结果回传给“脑”，用于下一步决策。

◎ 多工具协同

复杂任务需要多工具串联（如“市场分析”需同时调用数据API、Excel、PPT生成工具）。

Agent能自主协调工具间的数据流，避免人工介入。

1.1.3 从Chatbot到Agent的技术演进

从Chatbot到Agent的跃迁，不是单一技术的偶然突破，而是大语言模型、工具调用、记忆规划等多技术体系协同迭代的必然结果。这一演进过程，本质上是AI从“文本交互能力”向“自主行动能力”的技术赋权过程。以下五大核心技术节点补齐能力短板，最终构建出OpenClaw所依托的Agent技术底座。

1. 底层基座：大语言模型（LLM）的认知革命

这是Agent“大脑”成型的核心前提，彻底打破了传统Chatbot的认知边界。

从“规则匹配”到“涌现能力”：传统Chatbot依赖人工编写的规则库或小样本模型，仅能处理预设话术；大语言模型通过海量数据训练，涌现出逻辑推理、因果分析、抽象概括等高级认知能力，让AI能理解模糊意图、拆解复杂目标。

长上下文理解的技术突破：通过上下文窗口扩容、注意力机制优化（如稀疏注意力），LLM能处理万字级别的对话历史与任务信息，解决了传统Chatbot的“上下文断裂”问题，为长周期任务执行奠定基础。

领域适配的轻量化微调：针对电商、快消、内容营销等垂直领域，通过LoRA、QLoRA等轻量化微调技术，让LLM快速适配行业术语与业务逻辑，这也是OpenClaw能服务于细分商业场景的核心技术支撑。

2. 关键桥梁：工具调用（FunctionCalling）的技术落地

这是Agent“双手”成型的核心，实现了从“文本输出”到“现实行动”的跨越。

动态函数调用的技术逻辑：突破了传统AI“硬编码工具关联”的局限，LLM能自主识别任务所需工具、解析调用参数、生成执行指令，无须人工预设触发条件。

工具兼容性与校验机制：技术层面实现了对RESTAPI、本地软件、数据库等多类型工具的兼容，同时加入“参数校验→执行监控→异常回调”的全流程机制，确保工具调用的准确性（如OpenClaw调用电商后台API修改订单时的参数校验）。

工具学习能力：通过“工具描述学习+执行反馈迭代”，Agent能快速适配新工具，无须工程师重复开发，大幅提升了技术扩展性。

3. 能力补全：记忆与规划机制的技术成熟

解决了传统Chatbot“无记忆、无规划”的核心痛点，让Agent具备了“持续行动”的能力。

记忆体系的技术分层：

短期记忆：依托LLM上下文窗口，存储实时对话与任务进度；

长期记忆：通过向量数据库、知识图谱技术，持久化存储用户画像、历史任务、行业知识，实现“一次学习，终身复用”（如记住快消品牌的KOC种草风格偏好）。

规划能力的技术升级：

思维链（CoT）：让AI分步推理，拆解复杂任务；

任务规划器（TaskPlanner）：基于目标生成子任务树，动态调整执行顺序；

多智能体协作：通过“主智能体+子智能体”的分工模式，处理超复杂任务（如市场调研任务中，数据采集、分析、报告撰写由不同子智能体协同完成）。

4. 感知升级：多模态融合技术的广泛应用

拓展了Agent的“感知边界”，让其能适配更丰富的商业场景，脱离纯文本交互的限制。

跨模态理解技术：实现了文本、语音、图像、视频的双向理解，如能识别小红书KOC种草笔记的图片内容、解析直播语音中的用户需求。

多模态交互技术：支持语音指令输入、图像内容生成（如自动生成快消品种草海报）、视频脚本输出，让Agent的交互方式更贴合用户的日常工作习惯。

场景化感知适配：针对电商直播、短视频运营等场景，优化实时流数据的感知与处理能力，实现“边感知、边决策、边执行”。

5. 工程支撑：智能体框架的标准化与模块化

这是技术从“实验室”走向“商业化”的关键，也是OpenClaw实现私有化部署的技术基础。

核心组件的模块化设计：将Agent拆解为“感知层、决策层、执行层、反馈层”，各层通过标准化接口对接，支持功能的灵活增删（如为OpenClaw新增“小红书种草文案生成”技能，仅需在执行层新增对应模块）。

私有化部署的技术适配：通过模型本地化、数据加密传输、边缘计算等技术，解决了企业对数据安全的需求，契合OpenClaw“私有化”的核心哲学。

性能优化技术：通过模型量化、分布式计算，降低Agent的部署成本与响应延迟，让个人与中小微企业也能便捷使用。

1.1.4 典型场景对比：Chatbot vs Agent

在当前AI应用场景中，我们常接触到Chatbot与Agent两类智能体，那Chatbot与Agent又有哪些不同呢？

1. Chatbot和Agent对比

要清晰理解Agent的价值，最直观的方式就是将它与我们熟悉的Chatbot进行对比。两者看似相似，实则在核心定位、响应模式、能力边界和价值输出上存在本质差异。下面将通过多维度对比，清晰展现Chatbot作为“交互界面”与Agent作为“自主实体”的根本区别，见表1-1。

表 1-1

对比维度	Chatbot	Agent
核心定位	对话交互界面，是用户与系统的“沟通窗口”	自主智能实体，是代表用户完成目标的“数字代理人”
响应模式	被动响应，必须由用户发起指令后才输出内容	主动行动，可根据目标自主感知环境、规划路径并持续执行
能力边界	局限于文本生成、FAQ问答和简单信息查询	具备感知、决策、执行、反馈的全闭环能力，可解决复杂任务
价值输出	以信息传递为主，输出文本或简单结果	以结果交付为主，可完成全流程任务并交付最终成果
用户角色	用户是操作者，需要明确给出每一步指令	用户是决策者，只需设定目标，Agent自主完成执行
上下文能力	上下文窗口有限，易出现“失忆”和逻辑断裂	具备长期记忆与上下文管理，可维持长周期任务的一致性
工具调用	无或仅支持有限的预设工具调用	可自主识别、调用并协同多种工具，形成执行闭环
学习与迭代	依赖模型预训练，难以动态适应新场景	可通过执行反馈持续学习，优化后续任务的效率与策略

2. 典型场景对比

从Chatbot到Agent，最直观的差异体现在真实业务场景中。Chatbot是“信息交互工具”，而Agent是“任务解决实体”。下面我们通过四个高频场景的对比，清晰展现二者在能力边界、执行效率与用户体验上的本质区别，让你直观理解AI从“听懂”到“做到”的跃迁。

（1）日程管理场景前言

日程管理是日常工作中最频繁也最琐碎的任务之一，也是检验AI是否具备“行动力”的典型场景。我们来看看Chatbot和Agent在处理这一任务时的不同表现。

Chatbot：只能被动查询已有日程，当你问“我明天下午有空吗”，它会从日历中读取并告知结果，但无法帮你修改或协调。如果你说“帮我安排一个和客户的会议”，它会回复“请告诉我具体时间、参会人和地点”，需要你一步步提供所有细节，本质上还是信息查询工具。

Agent：你只需说“帮我安排一个和张总的下周会议，尽量在周三下午，并且不要和我的其他行程冲突”。它会自主查询你和张总的日历，找到双方都有空的时间段，自动发送会议邀请并同步到双方日历，全程无须你手动操作，真正完成了任务闭环。

（2）内容创作场景前言

内容创作是AI能力的重要应用方向，从生成初稿到完成全流程交付，Chatbot与Agent的能力差距被无限放大。下面我们对比二者在内容创作场景中的表现。

Chatbot：你让它“写一篇关于新品的小红书笔记”，它会生成一篇初稿，但内容可能缺乏针对性，需要你反复修改、补充资料和调整风格，它只是一个文本生成器。

Agent：你说“帮我写一篇关于新品的小红书种草笔记，目标受众是25～30岁的都市女性，风格要活泼有网感”。它会自主调研竞品笔记、分析目标用户偏好、整合产品卖点，生成符合要求的完整笔记，甚至可以直接帮你排版、配图并发布到平台。

（3）客户售后场景前言

客户售后是企业服务的核心环节，直接影响用户满意度与品牌口碑。我们来看看Chatbot和Agent在处理售后问题时，如何影响服务效率与用户体验。

Chatbot：用户反馈“我的快递丢了”，它会回复“请提供订单号和联系方式，我帮你转接人工客服”，或者给出预设的FAQ回复，无法直接处理问题，只是一个分流工具。

Agent：用户反馈“我的快递丢了”，它会自主查询订单物流信息，核实丢件情况，自动发起理赔流程，计算赔付金额并完成退款，全程无须人工介入，直接解决用户问题。

（4）数据分析场景前言

数据分析是决策的基础，从生成报表到提供洞察，Chatbot与Agent的能力差异直接决定了数据价值的转化效率。下面我们对比二者在数据分析场景中的表现。

Chatbot：你问“上个月的销售数据怎么样”，它会生成一份基础报表，但无法进行深度分析，也不能根据数据给出决策建议。

Agent：你说“帮我分析上个月的销售数据，找出下滑原因，并给出下个月的推广策略建议”，它会自动清洗数据、识别异常波动、关联市场环境变化，生成一份包含数据洞察和可执行策略的分析报告。

除日常管理、内容创作、客户售后与数据分析外，在智能营销、供应链协同、合规风控、研发协作、差旅报销、IT支持、员工培训、市场情报等复杂业务场景中，二者的边界与价值差异更为显著，见表1-2。

表 1-2

对比场景	Chatbot表现	Agent表现
智能营销活动策划	被动生成文案，无法整合数据与渠道，需人工补充策略	主动规划全链路方案，自动分析、生成策略并完成投放复盘
供应链协同调度	仅能查询数据，无法主动调整采购、生产与配送计划	自主感知波动，动态调整计划，自动触发沟通与预警
合规风控审核	被动筛查关键词，无法深度理解风险，需人工复核	主动识别风险，生成报告与建议，触发审批或预警
研发协作与需求管理	仅能汇总需求，无法主动拆解任务、分配资源	自主驱动全流程，整合需求，自动分配任务并跟踪进度
差旅与费用报销	被动查询政策，协助提交单据，无法自动审核与打款	主动规划行程、预订票务，自动审核报销单并触发打款
IT服务台支持	被动回答FAQ，无法诊断复杂问题或自动修复	主动诊断故障，自动执行修复脚本，升级复杂问题
员工培训与发展	被动推送课程，无法个性化推荐或跟踪学习效果	主动分析能力缺口，定制学习计划并跟踪进度
市场情报与竞品分析	被动提供已有资料，无法主动挖掘与分析趋势	主动抓取信息，分析竞品动态，生成趋势报告与建议

1.2 OpenClaw哲学：私有化、全天候与自主行动

OpenClaw在最近火爆全球，其哲学根植于三个核心信念：私有化、全天候与自主行动。私有化意味着数据与控制权始终掌握在用户手中，而非第三方平台；全天候则打破了时间与空间的限制，让数字分身永不离线；自主行动则让AI从“被动响应”升级为“主动赋能”。本节将深入解读这三大哲学，揭示

OpenClaw如何通过技术设计，让Agent真正成为用户可信赖的专属伙伴，如图1-2所示。

图 1-2

1. 私有化：AI智能体的信任根基

2026年初，OpenClaw以现象级姿态席卷全球AI领域，成为AI Agent赛道最受瞩目的开源项目。它凭借无可比拟的核心优势，在GitHub上创下惊人增长纪录，上线不足百天星标便突破20万，增速远超Linux、React等经典开源项目，长期稳居全球热榜榜首，成为AI从“对话交互”迈向“自主执行”的标志性产品。

OpenClaw的火爆迅速点燃全球开发者生态，社区活跃度持续攀升。Discord等社群成员短时间内突破万人，全球贡献者踊跃参与迭代，未合并的提交请求数以千计；围绕它构建的ClawHub技能市场已沉淀数千个实用插件，覆盖办公、电商、数据处理、智能家居等多元场景。国内腾讯云、阿里云、火山引擎等主流云厂商更是在48小时内快速上线一键部署方案，全方位支撑项目落地与普及。

OpenClaw的爆发式走红，不仅是技术产品的成功，更引领了AI智能体的产业变革。它精准解决了传统AI“只会聊天、不会干活”的痛点，快速获得资本、媒体与产业界的一致认可，带动大模型API调用量指数级增长，重塑自动化与人机协同的行业格局。如今OpenClaw已从开源项目成长为基础设施级标杆，持续推动企业与个人迈入“AI自主执行”的全新阶段。

数据主权是AI智能体能否深度融入个人工作与企业业务的核心前提。尤其在电商、快消品、KOC营销等涉及商业机密与用户数据的场景中，“数据上云”的模式早已无法满足合规与安全需求。本节将拆解OpenClaw“私有化”哲学的内核，说明其如何为智能体筑牢信任基石。

◎ 当前行业核心痛点

隐私泄露风险：主流云端AI会存储用户的对话记录、商业数据（如电商爆款策划、KOC合作清单），存在数据被泄露、滥用的隐患。

合规性缺失：快消行业的用户画像、电商的交易数据受《数据安全法》《个人信息保护法》约束，云端托管模式难以满足“数据不出域”的监管要求。

控制权旁落：用户无法自主管理AI的训练数据与执行日志，一旦平台调整策略，智能体的服务能力会被动改变。

◎ OpenClaw“私有化”的核心内涵

数据层私有化：用户的业务数据（如小红书种草文案库、快消品销售报表）、个人偏好数据、智能体运行日志，均存储于用户本地设备或私有服务器，全程不进入OpenClaw公有云。

计算层私有化：核心的LLM推理、任务规划、工具调用决策，优先在端侧或私有部署环境中完成，仅在处理超大规模任务时，由用户自主授权调用公有算力。

部署层灵活适配：支持“纯本地部署”（如个人电脑、企业内网服务器）、“混合部署”（敏感数据本地处理，非敏感任务云端协同）两种模式，匹配个人与企业的不同需求。

◎ 技术支撑体系

轻量化端侧模型：对核心LLM进行量化压缩，使其能在普通笔记本、企业终端服务器上完成高效推理，无须依赖云端算力。

本地向量数据库：用户的私有数据（如品牌营销方案、电商客户档案）被转化为向量存储在本地，智能体可实时检索，且检索过程全程离线。

私有化部署套件：提供一键式部署工具，适配企业内网的Docker、K8s环境，降低技术团队的部署门槛。

◎ 价值与落地案例

核心价值：彻底解决数据隐私与合规问题，让智能体可放心应用于快消品新品保密研发、电商核心客户运营、KOC签约数据管理等敏感场景；同时赋予用户对智能体的绝对控制权，可自主更新数据、调整权限。

案例：某快消品牌市场部采用OpenClaw私有化部署，让AI智能体本地处理新品配方、小红书种草策略等保密数据，自主生成营销方案，全程无数据流出企业内网，既满足了合规要求，又提升了营销策划效率。

2. 全天候：数字分身的运行底线

Agent作为“7×24小时在线的数字分身”，“持续可用”是其区别于传统AI工具的关键特征。无论是电商大促的实时订单处理，还是KOC种草的跨时区沟通，服务中断都意味着生产力损失。本节将解析OpenClaw如何通过技术设计，实现真正的“全天候”服务。

◎ 传统AI的服务中断痛点

网络依赖严重：断网状态下，主流AI工具完全无法使用，无法应对出差、户外办公等无网络场景。

算力波动影响：云端AI在高峰时段（如电商618大促）会出现算力拥堵，导致响应延迟、任务中断。

终端适配不足：AI服务多局限于电脑端，移动场景下的碎片化需求（如实时修改种草文案、确认订单）无法被满足。

◎ OpenClaw“全天候”的核心实现

离线能力矩阵：梳理出核心高频任务的离线执行清单，包括本地文件整理、已缓存数据的分析、预设日程的提醒、离线文案生成等，确保断网时核心功能不中断。

边缘算力动态适配：通过“本地算力优先+云端算力兜底”的策略，实时监测设备算力与网络状态，自动切换计算节点，避免算力拥堵或断网导致的任务失败。

多终端协同在线：支持电脑、手机、平板等多终端登录，智能体的任务进度、记忆数据实时同步，用户可在任意终端接续操作，适配碎片化办公场景。

◎ 技术支撑体系

任务断点续传机制：智能体会实时保存任务执行进度，一旦网络或算力恢复，自动从断点继续执行，无须用户重新发起指令。

轻量化缓存系统：对高频使用的工具（如电商订单查询接口）、数据（如KOC账号库）进行本地缓存，定期增量更新，保障离线状态下的基础服务能力。

低功耗运行优化：针对移动设备优化智能体的运行逻辑，降低算力消耗，实现长时间后台在线而不影响设备续航。

◎ 价值与落地案例

核心价值：打破时间与空间的限制，让数字分身真正“永不离线”，适配电商大促的24小时订单处理、跨境KOC的跨时区沟通、个人突发任务的即时响应等场景，最大化生产力。

案例：某电商运营使用OpenClaw智能体，在出差断网时，通过手机端离线生成了618大促的应急客服话术，网络恢复后，智能体自动将话术同步至店铺客服系统，并接续完成了订单异常数据的分析，全程无任务中断。

3. 自主行动：Agent的核心能力内核

从“被动听令”到“主动做事”，是Agent超越Chatbot的核心标志。在营销策划、电商运营等复杂工作中，用户无法事无巨细地下达指令，需要智能体具备自主规划与执行的能力。本节将拆解OpenClaw“自主行动”哲学的实现逻辑，展现其生产力赋能的核心。

◎ 被动响应的生产力瓶颈

指令成本过高：用户需要将复杂任务拆解为细碎指令（如“先查竞品销量→再整理卖点→最后写种草文案”），耗费大量时间与精力。

无主动感知能力：传统AI无法主动发现问题（如电商库存不足、KOC笔记数据下滑），只能在用户提出后被动回应。

任务闭环能力弱：无法自主完成“规划-执行-反馈-优化”的全流程，往往需要人工介入收尾。

◎ OpenClaw“自主行动”的三层逻辑

目标级感知：无须用户下达具体步骤，仅通过模糊目标（如“优化本月小红书种草转化率”），就能识别核心需求，明确行动方向。

任务级规划：自主将复杂目标拆解为可执行的子任务，如“分析上月种草笔记数据→筛选高转化笔记特征→生成3套新文案→对接KOC发布→实时监测数据”，并制定优先级与执行顺序。

安全级执行：在用户预设的权限范围内，自主调用工具、执行操作，同时实时反馈执行结果，若出现异常（如KOC报价超预算），自动暂停并请示用户。

◎ 技术支撑体系

长时记忆与场景认知：通过记忆机制存储用户的工作习惯、业务规则（如KOC合作预算上限、电商文案风格要求），让自主行动贴合用户需求。

工具编排引擎：能自主选择、组合不同工具（如小红书数据查询工具、文案生成工具、KOC对接系统），完成复杂任务的执行闭环。

权限与风险风控体系：内置多维度权限开关（如资金操作权限、数据修改权限），同时设置异常监测规则，确保自主行动在安全边界内进行。

◎ 价值与落地案例

核心价值：将用户从重复的任务规划与执行中解放，聚焦于策略制定等高价值工作；同时通过自主感知与闭环执行，及时捕捉业务机会、规避风险。

案例：某快消品牌的营销人员向OpenClaw下达目标“提升新品在小红书的曝光量”，智能体自主分析了竞品曝光渠道，筛选出10位匹配的中腰部KOC，制定了合作报价与文案方向，对接完成后实时监测笔记曝光数据，主动调整了低曝光笔记的投放策略，全程仅需用户确认最终合作清单。

4. 三大哲学的协同共生：OpenClaw的价值闭环

私有化、全天候、自主行动并非孤立存在，而是构成了OpenClaw的价值闭环。私有化是信任基础，全天候是运行保障，自主行动是能力核心，三者相互支撑、缺一不可。

私有化是全天候与自主行动的前提，只有数据与计算私有化，智能体才能在离线状态下实现自主决策与执行，真正做到全天候服务；同时，私有化保障的权限可控，让用户敢于放开自主行动的权限；全天候是私有化与自主行动的落地保障，若无法实现全天候在线，私有化部署的智能体在断网时将失去价值，自主行动的任务闭环也会因服务中断而断裂；而自主行动是私有化与全天候的价值归宿，私有化与全天候的技术设计，最终是为了让智能体能够自主完成任务，实现生产力的提升，否则一切技术都将失去意义。

多数竞品仅聚焦单一维度（如部分AI强调私有化但缺乏自主行动能力，部分强调自主行动但依赖云端数据），无法形成价值闭环；OpenClaw通过三大哲学的协同，解决了“不敢用（隐私问题）、用不了（服务中断）、不好用（被动响应）”的三大行业痛点，尤其适配电商、快消、KOC营销等对隐私、效率、自主性要求极高的商业场景。

在数字化转型的浪潮中，AI Agent正从辅助工具向核心生产力演进。未来，其发展将聚焦于降低技术门槛、优化资源效率与强化决策能力三大维度，通过私有化轻量化、全天候智能化与自主行动进化，为不同规模的企业提供更具适应性和价值的智能解决方案，推动商业场景的深度智能化变革，见表1-3。

表 1-3

未来演进方向	核心内容	价值与应用场景
私有化轻量化	降低私有化部署的技术与成本门槛，优化模型结构与资源占用，让中小商家也能轻松部署	助力中小企业快速搭建专属智能系统，无须依赖大型云服务，保障数据安全与业务自主性
全天候智能化	结合用户的工作节奏与业务流，实现“按需在线”的智能调度，动态分配算力资源	适配企业7×24小时运营需求，在非高峰时段自动休眠，高峰时段高效响应，显著降低算力成本
自主行动进化	融入多模态感知与强化学习，具备复杂任务拆解、工具调用与动态决策能力	可独立处理从数据分析到执行落地的全流程任务，在供应链管理、客户服务等场景中自主应对突发变化

1.3 核心架构拆解：Gateway（网关）、Brain（大脑）与Skills（技能）

OpenClaw的核心架构由三层协同构成：Gateway作为交互网关，负责连接用户与智能体；Brain作为核心大脑，承担认知、决策与规划的核心职能；Skills则是技能层，承载各类可复用的执行能力。本节将逐层拆解这一架构，解析各模块的功能边界与协作机制，让你清晰理解OpenClaw如何通过模块化设计，实现高效、灵活且可扩展的智能体能力，如图1-3所示。

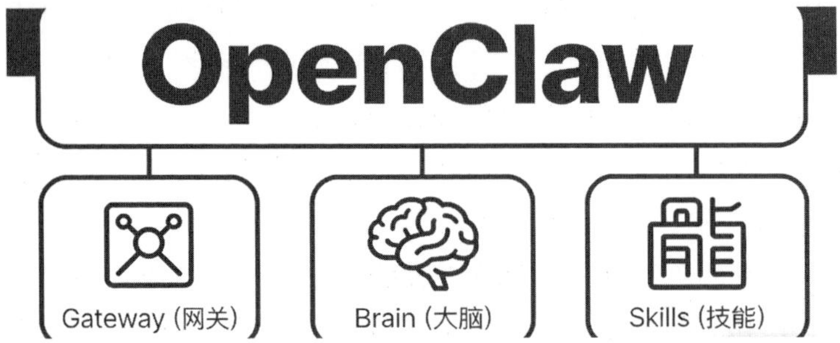

图 1-3

1. Gateway（网关）：智能体的交互入口与安全屏障

任何智能体都需要一个"门面"来连接用户、设备与外部系统，Gateway正是OpenClaw的交互中枢。它不仅是用户与智能体对话的入口，更是保障数据安全、适配多场景交互的核心屏障。尤其在电商、快消等涉及多终端、多协议的场景中，Gateway的设计直接决定了智能体的易用性与安全性。

◎ 核心定位

交互适配层：统一对接文本、语音、图像等多模态输入，适配电脑、手机、IoT设备等多终端交互方式，让用户可通过任意渠道与智能体对话。

协议转换层：将用户的自然语言指令转化为系统可识别的结构化指令，同时将智能体的执行结果转化为用户友好的输出形式。

安全管控层：作为第一道防线，负责身份认证、权限校验、数据加密，确保敏感操作（如电商订单修改、KOC合作签约）在授权范围内进行。

◎ 核心功能模块

多模态交互引擎：支持文本、语音、图像、视频等多模态输入输出，适配小红书文案创作、电商直播互动等场景的多样化交互需求。

协议转换与路由：将用户指令解析为标准化任务请求，根据任务类型路由至

Brain或直接调度Skills，同时将执行结果封装为自然语言反馈给用户。

安全与权限管理：内置OAuth2.0、JWT等认证机制，支持细粒度权限控制（如禁止智能体修改核心财务数据），同时对传输数据进行端到端加密。

负载均衡与容错：在高并发场景（如电商大促）下，自动分配请求流量，避免单点故障，保障服务稳定。

◎ 技术实现与场景适配

私有化部署支持：可部署在企业内网或本地服务器，确保交互数据不流出可控范围，适配快消新品保密研发等敏感场景。

离线交互能力：在断网状态下，仍能处理本地文件操作、日程提醒等离线任务，保障全天候服务。

案例：某电商运营通过手机端语音指令“帮我处理今天的售后订单”，Gateway将语音转化为结构化任务，路由至Brain进行规划，最终调度Skills完成订单退款与用户通知，全程仅需30秒。

2. Brain（大脑）：智能体的认知决策中枢

如果说Gateway是智能体的“门面”，那么Brain就是其“灵魂”。它是OpenClaw的核心决策中枢，负责理解用户意图、规划任务步骤、管理长期记忆，是实现“自主行动”的核心引擎。在营销策划、数据分析等复杂场景中，Brain的能力直接决定了智能体的智能水平。

◎ 核心定位

意图理解引擎：通过大语言模型深度解析用户指令，识别核心目标（如“提升新品曝光量”）而非表面需求（如“写一篇笔记”）。

任务规划中枢：将复杂目标拆解为可执行的子任务，制定优先级与执行顺序，形成完整的任务链路。

记忆管理中心：存储用户偏好、业务规则、历史任务等信息，形成长期记忆，让智能体的决策更贴合场景。

决策优化引擎：根据执行反馈动态调整任务策略，实现“规划-执行-反馈-优化”的闭环。

◎ 核心能力模块

深度意图理解：结合上下文与业务场景，识别模糊指令中的核心目标，例如将“帮我优化营销方案”拆解为“分析竞品数据→筛选高转化渠道→生成3套方案”。

动态任务规划：基于任务依赖关系与资源约束，自动调整执行顺序，例如优先处理紧急售后订单，再执行营销文案创作。

长期记忆与场景认知：存储用户的工作习惯（如KOC合作预算上限）、业务规则（如电商促销节点），让决策更精准。

强化学习优化：通过历史任务数据不断优化决策模型，提升任务执行效率与成功率。

◎ 技术支撑与价值体现

私有化大模型部署：支持在本地部署轻量化LLM，核心推理过程不依赖云端，保障数据安全。

向量数据库集成：将记忆数据转化为向量存储，实现毫秒级检索，提升决策响应速度。

案例：某快消品牌的Brain在分析新品营销数据时，自主识别出“小红书笔记转化率偏低”的问题，规划出“优化文案风格→筛选KOC类型→调整投放时间”的优化路径，最终使新品曝光量提升40%。

3. Skills（技能）：智能体的任务执行单元

有了“大脑”的决策，还需要“手脚”来落地执行，Skills正是OpenClaw的任务执行层。它是一系列可复用、可扩展的功能单元，负责完成具体操作，如电商订单处理、文案生成、数据查询等。Skills的设计直接决定了智能体能否高效完成任务闭环。

◎ 核心定位

任务执行单元：将Brain的决策转化为具体操作，如调用电商API修改订单、生成小红书文案、查询KOC数据等。

能力复用中心：支持技能的模块化封装与复用，避免重复开发，例如“文案生成”技能可同时应用于小红书、抖音等多个平台。

扩展接口层：提供标准化接口，支持第三方开发者接入自定义技能，适配个性化业务需求。

◎ 核心分类与编排机制

基础技能：包括文件操作、日程管理、文本生成等通用能力，是智能体的“基本功”。

行业技能：针对电商、快消、KOC营销等场景定制的专业能力，如“电商订单退款”“KOC合作对接”“小红书数据监测”等。

技能编排引擎：根据任务规划自动组合多个技能，形成完整的执行链路，例如“查询订单→生成退款单→通知用户→同步财务系统”。

版本管理与迭代：支持技能的版本控制，可快速迭代优化，适配业务变化。

◎ 技术实现与扩展能力

标准化接口设计：采用RESTfulAPI、gRPC等标准化协议，降低技能接入门槛，支持快速集成第三方服务。

沙箱执行环境：技能运行在隔离沙箱中，避免恶意操作影响系统安全，同时支持权限管控。

案例：某电商运营的Skills模块包含“订单处理”“文案生成”“数据报表”等12个专业技能，当Brain规划出“处理售后订单+生成客服话术”的任务时，Skills自动编排执行，全程无须人工介入。

4. 三大模块协同：OpenClaw架构的价值闭环

Gateway、Brain、Skills并非孤立存在，而是形成了“交互-决策-执行”的完整价值闭环。Gateway负责连接与安全，Brain负责认知与规划，Skills负责落地与执行，三者协同支撑起OpenClaw的核心能力。

用户通过Gateway发起指令时，Gateway会先完成身份认证与协议转换，再将请求精准路由至Brain；Brain接收到指令后，会深度解析用户意图，拆解复杂任务并规划最优执行路径，随后将子任务分配给对应的Skills；Skills接收到任务后执行具体操作，并将执行结果实时反馈给Brain，Brain会根据反馈进行决策优化，必要时调整任务路径；最后，Gateway将最终结果转化为用户友好的形式输出，完成交互闭环。

◎ 架构核心优势

OpenClaw的架构具备显著的核心优势：模块化设计让三大模块可独立迭代优化，降低维护成本的同时支持灵活扩展；高可靠性通过Gateway的容灾机制、Brain的决策优化与Skills的沙箱执行共同保障系统稳定；强适配性支持私有化部署、离线运行与多终端交互，可灵活适配电商、快消等多样化场景；可扩展性则通过Skills的标准化接口快速接入新能力，推动智能体业务持续进化。

◎ 与行业竞品的差异

多数竞品采用“一体化”架构，交互、决策、执行深度耦合，难以灵活适配发展场景；而OpenClaw的三层架构通过解耦与协同，实现了“安全可控、智能高效、灵活扩展”的核心优势。尤其在私有化部署、离线运行、行业定制等方面，OpenClaw的架构设计更贴合企业级需求，解决了传统AI“不敢用、用不了、不好用”的痛点。

1.4 商业逻辑：如何用OpenClaw重构生产力

OpenClaw的商业价值，不在于炫技，而在于重构生产力。OpenClaw所定义的Agent，能通过自动化重复任务、辅助复杂决策、拓展协作边界，让个人与组织的单位产出实现量级提升。本节将从效率提升、成本优化、模式创新三个维度，拆解AI助理的商业逻辑，探讨如何将OpenClaw的能力转化为实际的商业价值，赋能每一个人、每一个团队。

1. 个人生产力重构：从“执行者”到“决策者”

在传统工作模式中，个人大量时间被数据整理、文案撰写、日程协调等琐事占据，真正用于战略思考与创意创造的时间被严重挤压。OpenClaw作为个人的“数字分身”，通过自主行动能力接管低价值任务，让个人从“被动执行者”升级为“主动决策者”，彻底重构个人的时间分配与价值产出模式。

◎ 任务自动化：解放重复劳动

OpenClaw的Skills模块可自主完成高频低价值任务，如邮件分类、数据录入、KOC合作资料整理、电商订单核对等，将个人从机械劳动中解放。

例如：营销人员无须手动整理竞品数据，OpenClaw可自动抓取、清洗并生成可视化报表，耗时从4小时缩短至15分钟。

◎ 决策辅助：提升判断质量

Brain模块通过深度分析业务数据，为个人提供精准洞察，如“哪类KOC带来的转化率最高”“哪个时间段的小红书笔记曝光量最优”，辅助个人做出更科学的决策。

◎ 时间价值重构

当80%的琐事由OpenClaw完成后，个人可将时间聚焦于策略制定、创意构思、客户沟通等高价值工作，单位时间产出提升2～3倍。

◎ 典型案例

某电商运营通过OpenClaw自动处理售后订单、生成客服话术，每天节省3小时，转而投入店铺活动策划与用户运营中，店铺转化率提升25%。

2. 组织生产力重构：从“流程驱动”到“智能驱动”

企业的生产力瓶颈，往往源于流程僵化、信息孤岛与人力依赖。OpenClaw通过模块化架构与自主行动能力，打破部门墙，让智能体成为业务流程的“智能节点”，实现从“人驱动流程”到“AI驱动流程”的转变，大幅提升组织的整体效率与响应速度。

◎ 流程自动化：消除人力依赖

OpenClaw可自主完成跨部门闭环任务，如“订单生成→库存扣减→物流对接→售后跟进”，无须人工介入，减少流程中的等待与失误。

例如：快消品牌的新品上市流程，从“市场调研→文案创作→KOC对接→数据监测”全流程由OpenClaw自主执行，周期从2周缩短至3天。

◎ 信息协同：打破数据孤岛

Gateway连接企业内部各系统，Brain整合分散数据，让智能体在统一信息底座上工作，避免“信息不对称”导致的决策偏差。

◎ 全天候运营：突破时空限制

OpenClaw的全天候能力，让企业实现7 × 24小时不间断运营，如电商大促期间自动处理订单、跨境业务中跨时区响应客户需求，无须额外增加人力成本。

◎ 典型案例

某快消企业引入OpenClaw后，售后处理效率提升60%，人力成本降低35%，同时实现了24小时客户响应，用户满意度提升40%。

3. 商业模式重构：从“人力密集”到“AI赋能”

当AI成为核心生产力要素，企业的商业模式也将随之重构。OpenClaw的私有化与自主行动能力，让企业可以打造“AI驱动的服务模式”，从依赖人力规模转向依赖AI效率，创造出更具竞争力的商业形态，甚至催生全新的业务赛道。

◎ 服务升级：从标准化到个性化

OpenClaw可基于用户数据提供个性化服务，如为电商用户定制专属推荐、为KOC定制匹配的品牌合作方案，提升用户体验与转化效率。

◎ 成本优化：重构盈利模型

通过替代人力完成重复性工作，企业可大幅降低人力成本，同时提升服务规模。例如：KOC营销公司用OpenClaw自动筛选KOC、生成文案，服务客户数量提升2倍，人力成本降低40%。

◎ 创新模式：开辟新业务空间

企业可基于OpenClaw打造“AI即服务”的商业模式，如为中小商家提供智能营销助理、为个人提供专属数字分身，拓展新的收入来源。

◎ 典型案例

某营销agency基于OpenClaw推出“AI营销助手”服务，为中小电商提供自动化营销方案，月均新增客户50+，毛利率提升至65%。

4. ROI与落地路径：引进OpenClaw的方法

很多企业引入AI时，常陷入“投入大、见效慢”的困境。OpenClaw的商业逻辑，核心在于清晰的ROI与可落地的实施路径。

我们可以通过三大类核心指标，清晰评估OpenClaw带来的业务价值，见表1-4。

表 1-4

指标类型	核心衡量维度
效率指标	任务完成时间缩短率、流程自动化率、人力替代率
效果指标	转化率提升、错误率降低、用户满意度提升
成本指标	人力成本节省、运营成本优化、ROI周期

OpenClaw的落地遵循循序渐进的原则，确保每一步都能快速验证价值，见表1-5。

表 1-5

落地阶段	核心策略	典型应用场景
阶段一：单点突破	从高频、低价值、高标准化的任务入手，快速验证价值	数据整理、邮件分类、基础客服应答
阶段二：流程串联	将多个单点技能串联，实现跨部门任务闭环	营销策划→内容生成→投放监测的全链路自动化
阶段三：全域智能	将OpenClaw融入核心业务，实现全流程智能驱动	新品研发、客户全生命周期管理、供应链智能调度

为最大化AI赋能价值，企业需要调整团队角色，让员工从“执行者”转向“AI协作者”，聚焦于策略制定、创意创新与异常处理等高价值工作，而非机械重复的任务。

◎ 典型案例

某电商企业分三步落地OpenClaw：6个月后核心岗位生产力提升50%，12个月后ROI达到1∶4，成功将OpenClaw打造为行业内效率标杆。

5. 商业价值闭环：OpenClaw重构生产力的核心逻辑

OpenClaw对生产力的重构，并非单点技术的赋能，而是个人、组织、商业模式三者协同的价值闭环。个人效率提升带动组织效率升级，组织效率升级推动商业模式创新，最终形成“AI赋能→价值提升→持续投入”的正向循环，让企业在数字时代保持核心竞争力。

协同逻辑：个人生产力提升，让员工有更多精力参与组织决策；组织流程优化，为个人提供更高效的工作环境；商业模式创新，为个人与组织创造更大的价值空间。三者相互支撑，形成不可替代的竞争优势。

与传统工具的差异：传统工具仅能提升单点效率，而OpenClaw通过“私有化保障信任、全天候保障持续、自主行动保障闭环”，实现了从“效率提升”到“模式重构”的跨越，是真正的生产力革命。

未来展望：随着OpenClaw能力的持续进化，其将进一步渗透到更多行业与场景，成为个人与组织在AI时代的“标配生产力工具”，推动整个社会的生产方式向更高效、更智能的方向演进。

第 2 章 私有化部署的硬件选择与环境准备：打造你的“AI 基地”

上一章中，我们畅想了AI Agent作为7×24小时在线数字分身的无限可能，而要让这一构想从概念走向现实，坚实的“AI基地”是一切的起点。本章将聚焦OpenClaw的部署实践，从硬件选择到环境配置，为你拆解打造高效AI运行环境的关键步骤。无论是挑选适配的硬件平台，还是完成本地部署与国内飞书等平台的消息通道对接，我们都将提供清晰指引。同时，针对本地部署中常见的10个痛点，给出避坑解决方案，帮助你快速搭建稳定、可扩展的AI基础设施，为后续多模型调度、技能开发与全流程自动化筑牢根基。

2.1　环境方案：选择适合的平台与硬件

OpenClaw的“私有化、全天候、自主行动”三大哲学，对运行环境提出了明确要求：既要支持本地部署保障数据安全，又要具备足够算力支撑智能体高效运行，还要适配多场景的灵活部署。平台与硬件的选择，直接决定了OpenClaw的性能、成本与可靠性。本节将从多个维度，帮你构建一套贴合需求的环境方案。

2.1.1　核心平台选型：MacBook、Windows、Linux与云平台

不同平台的生态、算力特性与部署模式，直接影响OpenClaw的落地方式。MacBook适合个人开发者与轻量部署，Windows适配企业办公与混合场景，Linux是企业级私有化部署的首选，云平台则提供弹性扩展能力。本节将逐一拆解各平台的优势、局限与OpenClaw适配要点，帮你找到最适合的基础环境。

1. MacBook：个人数字分身的首选载体

优势：生态成熟、便携性强、静音散热好，适合作为个人数字分身的核心设备；macOS对Python、Docker等开发工具支持友好，本地部署门槛低。

局限：GPU算力有限（尤其是M系列芯片的显存限制），难以支撑大规模LLM推理；存储扩展成本高，不适合海量本地向量数据存储。

适配场景：个人助理、轻量营销文案生成、离线日程管理等轻量任务；适合作为OpenClaw的“入口设备”，核心推理依托云端或本地轻量化模型。

2. Windows PC：企业办公与混合部署的适配之选

优势：硬件选择丰富（从轻薄本到工作站），支持NVIDIA GPU加速，适配企业办公软件生态（如Office、企业OA）；Windows Subsystem for Linux（WSL）可兼容Linux部署环境。

局限：系统稳定性略逊于Linux，长时间高负载运行需关注散热；部分企业内网环境对软件部署有严格限制。

适配场景：企业内部运营助理、电商客服智能体、混合部署（本地处理轻量任务+云端处理复杂推理）；适合中小团队的轻量化部署。

3. Linux服务器：企业级私有化部署的核心底座

优势：开源可控、稳定性强、支持高性能GPU集群，是私有化部署的首选；对容器化（Docker/K8s）支持友好，便于规模化部署与运维。

局限：部署门槛高，需要专业运维团队；硬件成本较高，适合有明确数据安全与大规模算力需求的企业。

适配场景：企业级智能体（如全链路营销策划、客户全生命周期管理）、核心业务数据的本地处理；完全符合OpenClaw “私有化”哲学的落地载体。

4. 云平台（AWS/Azure/阿里云等）：弹性扩展的混合部署补充

优势：算力弹性伸缩，可按需调用GPU/CPU资源；全球节点覆盖，支持全天候跨区域服务；与OpenClaw的模型路由架构深度协同，实现“本地+云端”混合调度。

局限：数据隐私风险（需通过加密与权限管控规避）；长期使用成本较高，适合作为本地部署的算力补充而非核心载体。

适配场景：突发算力需求（如大促期间的用户数据分析）、跨地域业务协同；与本地部署结合，形成“私有+公有”的混合环境。

2.1.2 硬件核心维度：算力、存储与网络的选型逻辑

平台是环境的“骨架”，硬件则是支撑OpenClaw高效运行的“肌肉”。算力决定智能体的响应速度，存储影响记忆系统的容量与检索效率，网络则是全天候服务的保障。本节将拆解CPU、GPU、内存、存储、网络五大核心硬件维度，帮你明确各组件的选型逻辑。

1. 算力：CPU与GPU的协同选型

CPU：负责基础任务调度、轻量推理与系统运维，优先选择多核心高主频型号（如Intel i7/i9、AMD Ryzen 7/9）；个人场景8核以上即可满足，企业级场景需16核以上支撑多任务并发。

GPU：是大模型推理与向量检索的核心加速硬件，优先选择NVIDIA显卡（如RTX 3090、A100）；显存需求随模型规模提升：7B模型至少8GB显存，13B模型需16GB以上，企业级部署建议32GB+显存。

选型逻辑：轻量任务（如个人助理）可依赖CPU+核显；中等任务（如营销文案生成）需中端GPU；复杂任务（如全链路营销策划）需高性能GPU集群。

2. 内存：支撑RAG与多任务并发的关键

核心作用：内存容量直接影响向量数据库的检索效率与多任务并发能力；OpenClaw的记忆系统（RAG）需要将高频向量数据缓存至内存，实现毫秒级检索。

选型建议：个人场景16GB起步，优先32GB；中小企业场景64GB起步，企业级场景128GB+；同时关注内存频率（如DDR5 5600MHz），提升数据读写速度。

3. 存储：适配本地向量数据库的容量与速度

容量需求：根据记忆数据规模而定，个人场景1TB NVMe SSD即可满足；企

业级场景需4TB+，并支持RAID阵列保障数据安全。

速度需求：优先选择NVMe SSD（读写速度3000MB/s以上），支撑向量数据库的高效写入与检索；避免使用机械硬盘，否则会严重影响RAG性能。

扩展需求：支持M.2插槽或外置存储阵列，便于随记忆数据增长灵活扩容。

4. 网络：保障全天候服务的稳定性

有线网络：企业级部署优先选择千兆/万兆有线网络，降低延迟与丢包率；混合部署场景需保障本地与云端的低延迟连接。

无线网络：个人场景支持Wi-Fi 6/6E，提升移动办公时的网络稳定性；离线场景需配置本地缓存机制，避免断网导致服务中断。

安全需求：配置防火墙、VPN等网络安全工具，保障数据传输安全，符合OpenClaw“私有化”的安全要求。

2.1.3 场景化环境方案：从个人到企业的落地参考

不同场景对环境的需求差异显著：个人数字分身侧重便携与隐私，中小企业营销助理侧重适配办公生态，企业级部署则强调安全与性能。本节将拆解三大核心场景的环境选型方案，帮你快速找到贴合需求的组合。

1. 个人数字分身场景：MacBook+轻量化配置

平台：MacBook Pro（M2 Pro/Max），兼顾便携与算力。

硬件：16GB+内存、1TB NVMe SSD、依赖CPU+核显（轻量任务）或外接eGPU（复杂推理）。

部署模式：本地部署轻量化Llama模型，核心推理依托云端GPT-5（通过模型路由调度）；记忆数据存储在本地，保障隐私。

价值：满足个人日程管理、文案生成、轻量分析等需求，同时实现“7 × 24小时离线可用”。

2. 中小企业营销助理场景：Windows工作站+混合部署

平台：Windows 11工作站（如戴尔Precision、联想ThinkStation），适配企业办公生态。

硬件：32GB+内存、2TB NVMe SSD、NVIDIA RTX 4080 GPU（支撑本地推理）。

部署模式：本地处理轻量任务（如客服话术生成、数据整理），复杂营销策划依托云端模型；通过WSL兼容Linux部署环境，简化运维。

价值：适配电商运营、KOC营销等场景，兼顾办公效率与成本可控。

3. 企业级私有化部署场景：Linux服务器+高性能集群

平台：Ubuntu/CentOS服务器，部署在企业内网。

硬件：双路Intel Xeon CPU、128GB+内存、4TB+NVMe SSD、多卡NVIDIA A100 GPU集群。

部署模式：全链路本地部署，核心模型、记忆数据与业务流程均在企业内网运行；通过K8s实现容器化运维，支撑多智能体并发。

价值：完全符合“私有化、全天候、自主行动”哲学，适配快消新品研发、核心客户管理等敏感场景。

2.1.4 平台与硬件的协同：OpenClaw架构的环境适配逻辑

环境方案并非孤立的平台与硬件组合，而是需要与OpenClaw的核心架构（Gateway、Brain、Skills）深度协同。Gateway的多终端交互依赖平台生态，Brain的推理性能依托硬件算力，Skills的执行效率则受存储与网络影响。本节将解析协同逻辑，让环境方案真正服务于智能体能力。

与Gateway的协同：MacBook的触控栏、Windows的触控屏可优化交互体验，Linux服务器的网络稳定性保障多终端接入；云平台的全球节点则支撑跨地域交互。

与Brain的协同：GPU算力直接影响Brain的推理速度与任务规划效率；内存容量决定RAG检索的响应延迟，进而影响决策质量。

与Skills的协同：高速存储支撑Skills快速调用本地工具与数据；稳定网络保障Skills与第三方服务（如电商API、KOC平台）的可靠连接。

2.1.5 落地步骤与避坑指南

很多用户在选择环境方案时，容易陷入“盲目追求高配置”或“忽视场景适配”的误区。本节将分享环境方案的落地步骤与避坑指南，帮你高效构建OpenClaw的运行环境。

1. 落地步骤

明确部署目标：锚定核心需求部署前需精准定义使用场景与核心目标，个人使用侧重离线可用与隐私安全，中小企业应用聚焦降本增效与高频业务支撑，企业级部署则优先保障稳定性、可扩展性与合规性。通过访谈核心用户梳理Top 3核心场景与关键指标，输出《部署目标说明书》，明确场景边界、核心价值与验收标准，避免后续需求蔓延与资源错配。

评估算力需求：按任务复杂度分级配置根据核心任务的复杂度与并发量精准评估算力，轻量任务（如邮件分类、FAQ问答）优先保障16GB+内存与高速存储，中等任务（如电商客服、内容初稿生成）可搭配轻量GPU，复杂任务（如深度分析、风控建模）则需高性能GPU与64GB+内存，同时预留20%～30%冗余应对业务峰值，企业级场景可采用“本地算力+云端弹性扩容”的混合模式，平衡成本与性能。

选择平台组合：贴合生态，兼顾离线与云端优先选择贴合业务生态的平台组合，办公场景推荐Windows本地（Llama轻量化模型）+云端GPT-5，移动场景采用MacBook本地（Metal加速Llama）+云平台同步，企业级场景则以Linux服务器（本地向量数据库+Llama）+云端API为主，确保断网时核心功能可用，通过“离线筑牢底座、云端提升上限”的组合模式，避免单一平台依赖。

验证与优化：小步快跑，迭代调整采用“先试点后推广”策略，先部署非核心轻量任务验证性能、成本与稳定性，再逐步扩展到核心业务，重点验证并发能力、离线可用性与合规性。通过监控响应时间、Token消耗、用户满意度等核心指标，每2周迭代优化配置，如Token消耗过高则优化熔断与缓存策略，响应慢则升级GPU或模型量化方式，持续提升部署效率与业务体验。

2. 避坑指南

在OpenClaw环境部署落地时，不少用户容易陷入误区，不仅造成资源浪费，还可能影响系统稳定性与离线能力。以下避坑指南从硬件选型、运行稳定性、离线能力适配等维度，梳理核心风险与应对策略，助力高效构建适配业务的运行环境，见表2-1。

表 2-1

避坑维度	常见坑点	风险后果	应对策略
硬件选型	盲目堆砌高端硬件，轻量任务（如个人助理、邮件分类）也配置高性能GPU，忽视内存与存储优先级	算力资源闲置，成本浪费30%～50%；内存不足导致模型推理卡顿，影响响应速度	先按任务复杂度（轻量/中等/复杂）评估最低配置，轻量任务优先满足16GB+内存与高速存储，再按需升级GPU算力
运行稳定性	企业级长时间高负载部署时，忽视服务器散热设计与电源冗余，仅关注核心硬件参数	高温导致硬件降频甚至烧毁，电源单点故障引发业务中断，造成数据丢失与服务不可用	企业部署采用双电源冗余配置，优化服务器风道设计；定期监控温度与负载，设置高温预警阈值
离线能力适配	个人场景部署时，未验证环境对离线运行的支持（如依赖云端API、未配置本地缓存），违背“全天候”哲学	断网时核心功能失效（如日程提醒、本地文档处理），无法满足无网络环境下的使用需求	优先选择支持本地模型与离线缓存的平台组合，部署前验证断网场景下的核心功能可用性，确保离线模式下记忆与技能可正常调用

2.2 环境配置：OpenClaw的部署方法与本地部署

环境配置是OpenClaw从“概念”落地为“可用工具”的核心环节，其合理性直接决定系统稳定性、离线能力与成本可控性。本章将从多平台视角，拆解部署方法与本地部署实操，覆盖权限、路径、版本兼容等关键细节，帮你避开照搬文档的误区，打造适配业务的稳定运行环境。

2.2.1 部署OpenClaw的方法

OpenClaw的部署主要有三种方法，分别是Docker一键部署、云厂商一键部署和本地直接部署。

Docker一键部署是将OpenClaw与全部运行依赖打包为容器镜像，只需先安装Docker，执行国内优化的一键脚本，就能自动完成镜像拉取、环境配置和服务启动，跨Windows、Mac、Linux平台通用，环境隔离不与系统其他软件冲突，是稳定又省心的主流方案。

云厂商一键部署是阿里云、腾讯云等国内云平台提供的预制OpenClaw应用镜像服务，全程图形化点点点操作，无须命令行，创建云服务器时选择对应镜像，数分钟即可部署完成，自带公网IP，可随时随地外网访问，零技术门槛。

本地直接部署（无Docker）不使用Docker容器，通过一键脚本直接在电脑上安装Node.js、pnpm等依赖，原生启动OpenClaw，无须额外安装容器工具，但所有依赖直接安装在系统中，易受本地环境版本、配置影响，三种部署方法的不同见表2-2。

表 2-2

部署方式	优点	缺点	适合谁
Docker一键部署	跨平台通用、环境隔离不冲突、国内镜像优化、稳定易维护	需提前安装Docker、少量命令行操作	想本地/私有服务器稳定运行，不想折腾环境，追求简洁可靠的用户
云厂商一键部署	纯图形化操作、零命令行、自带公网IP、随时随地可访问	需注册云账号、产生服务器费用	完全不懂技术，需要外网访问，不想开本地电脑的用户
本地直接部署	无须装Docker、直接本地运行	依赖易冲突、跨平台兼容性差、新手易报错	不想装Docker，仅本地临时使用，能接受简单环境问题的用户

Docker一键部署是综合体验较好国内用户的首选方案，兼顾本地运行、环境

干净、不花钱、少报错；云厂商一键部署适合完全不想碰命令行、需要在外网随时使用的用户，纯图形化操作但会产生少量服务器费用；本地直接部署最简单但容易出问题，只适合不想装Docker、仅临时在自己电脑上试用的用户，不推荐新手。下面将介绍本地部署的方法。

2.2.2　OpenClaw的本地部署

在OpenClaw的整体部署体系中，本地部署是开发调试、个人试用与内网验证的核心环节。它无须依赖公网资源，可快速搭建独立运行环境，便于功能测试与二次开发。本节将详细介绍本地部署方案，梳理关键配置步骤与常见问题，帮助用户高效完成本地环境搭建。

1. 安装Node. js和Python

OpenClaw是基于Node.js开发的应用，因此安装并配置好Node.js环境是保障其稳定运行的关键前提。同时，该应用对运行环境有明确的版本要求：Node.js版本必须大于v22，Python版本必须大于3。因此，在正式部署OpenClaw之前，需要先完成Node.js和Python的下载与安装，确保系统满足这两个核心依赖的版本条件，为后续部署和运行打下坚实基础，具体操作步骤如下。

（1）进入Node.js软件官网，单击“获取Node.js®”进入下载界面，如图2-1所示。

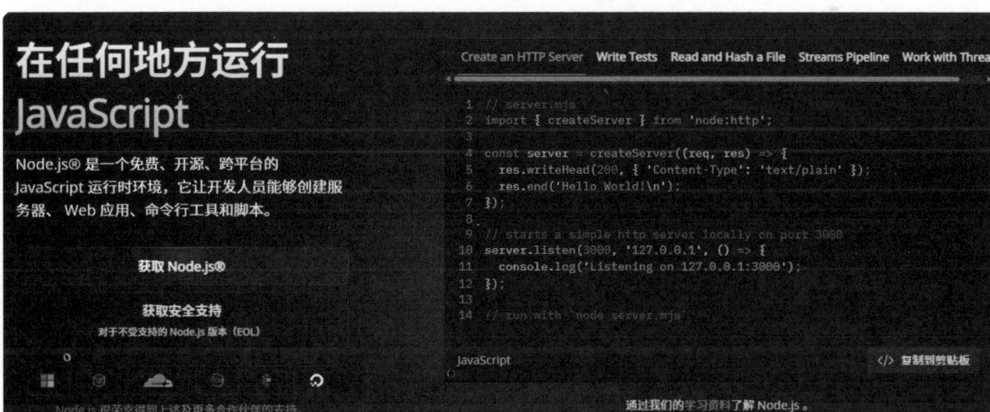

图 2-1

（2）单击“Windows安装程序（.msl）”按钮即可下载Node.js®文件，将其安装至电脑上，如图2-2所示。

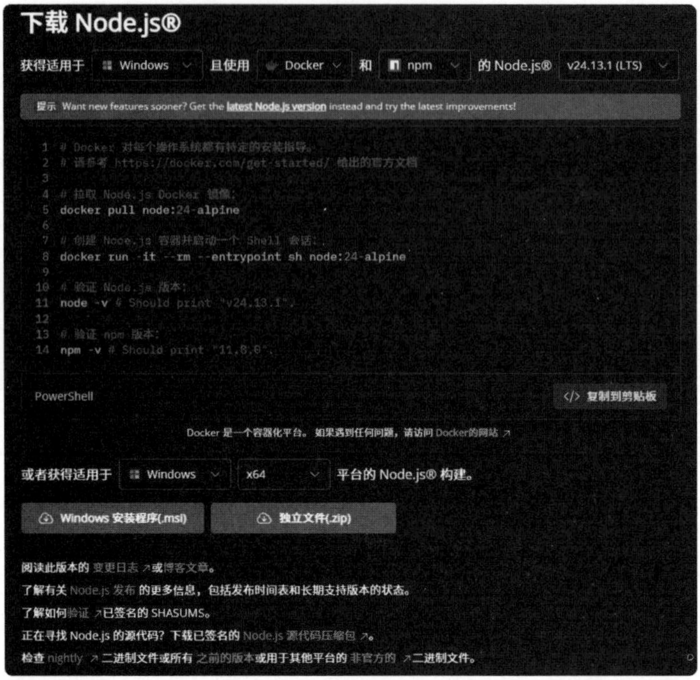

图 2-2

（3）进入Python官网，单击“Download”界面下方的“Python”按钮进入下载界面，如图2-3所示。

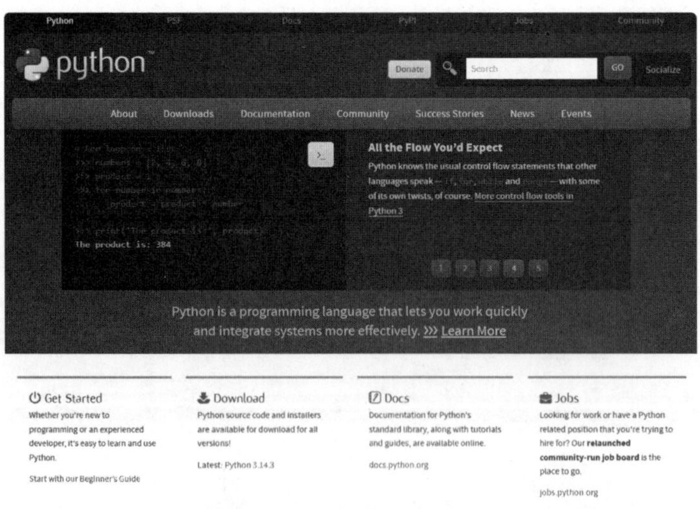

图 2-3

（4）进入下载界面后下滑网页，单击“Download Python install manager”

按钮进入Windows版本的下载界面，再单击“Download installer（MSIX）”按钮即可下载Python文件，将其安装至电脑上，如图2-4和图2-5所示。

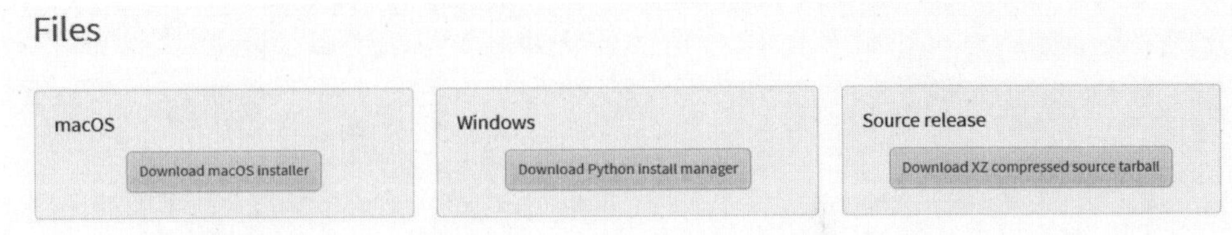

图 2-4

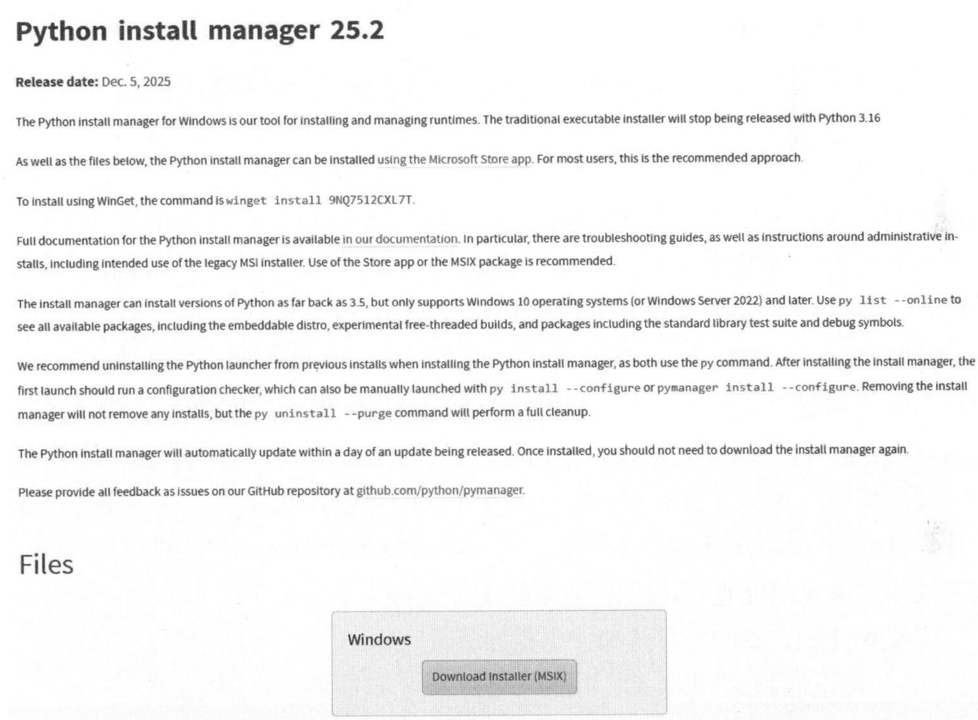

图 2-5

（5）同时按下“Win”和“R”按键，在弹出的运行框内输入“cmd”，再单击“确认”按钮即可打开命令提示符，如图2-6所示。

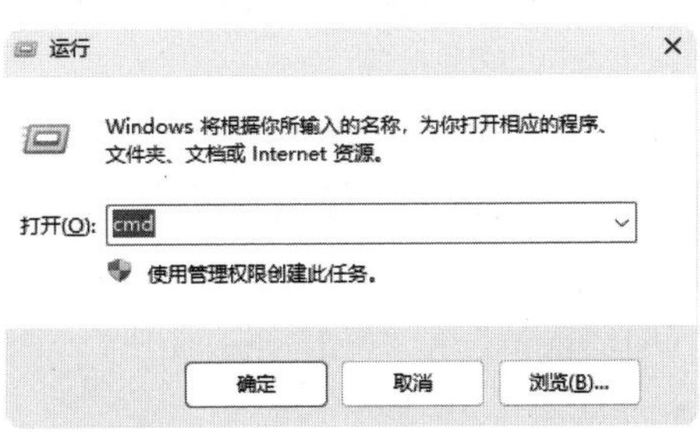

图 2-6

（6）输入“node -v”再按下回车键即可检验Node.js是否安装成功以及其版本，输入“python --version”再按下回车键即可检验Python是否安装成功以及其版本，如图2-7所示。

图 2-7

2. 安装WSL和Ubuntu

进行本地部署需要先安装WSL，WSL2是Windows Subsystem for Linux（Windows适用于Linux的子系统）的缩写，直白来说：它是微软给Windows 10/11系统内置的「Linux运行环境」，能让你在Windows系统里不用装虚拟机、不用装双系统，直接运行完整的Linux发行版（比如Ubuntu、CentOS、Debian等），并且可以使用Linux所有的命令行工具、脚本、程序（包括Docker、部署OpenClaw的Shell脚本）。而Ubuntu是WSL生态中支持最完善、社区资源最丰富的发行版，能完美兼容其Shell脚本与底层依赖，能最大程度规避版本冲突、脚本执行失败等问题，还能实现本地开发与线上Linux服务器环境的一致性，降低后续调试成本。

简单类比：WSL就像在Windows里开了一个“Linux窗口”，这个窗口里的操作和真实的Linux服务器完全一致，但又能和Windows桌面、文件系统无缝互通（比如在WSL里能直接访问你的C盘、D盘文件）。

安装WSL和Ubuntu的具体操作步骤如下。

（1）在电脑搜索栏输入“Windows PowerShell”，单击“以管理员身份运行”按钮，如图 2-8 所示。

（2）输入“wsl--install”并按下回车键，系统会自动安装 WSL。安装成功后，输入“wsl--status”和“wsl--version”查看是否安装成功，如图 2-9 和图 2-10 所示。

图 2-8

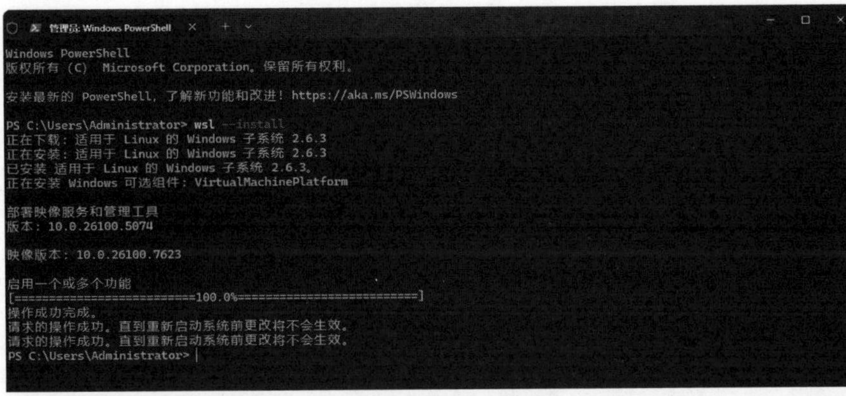

图 2-9

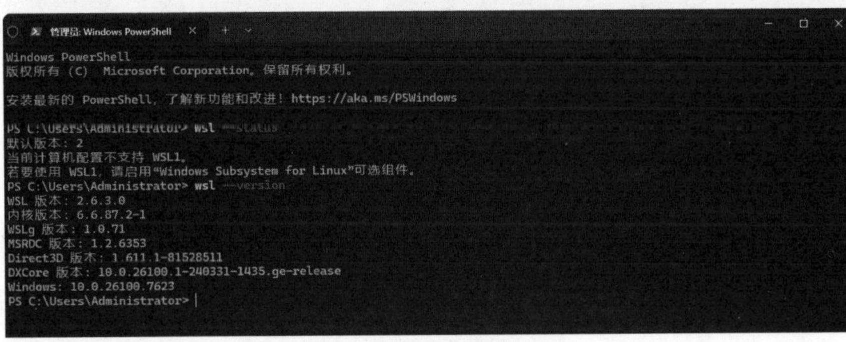

图 2-10

（3）输入“wsL.exe—list—online”查询可下载的版本，再输入“wsl--install Ubuntu”即可自动下载Ubuntu最新版本，如图2-11和图2-12所示。

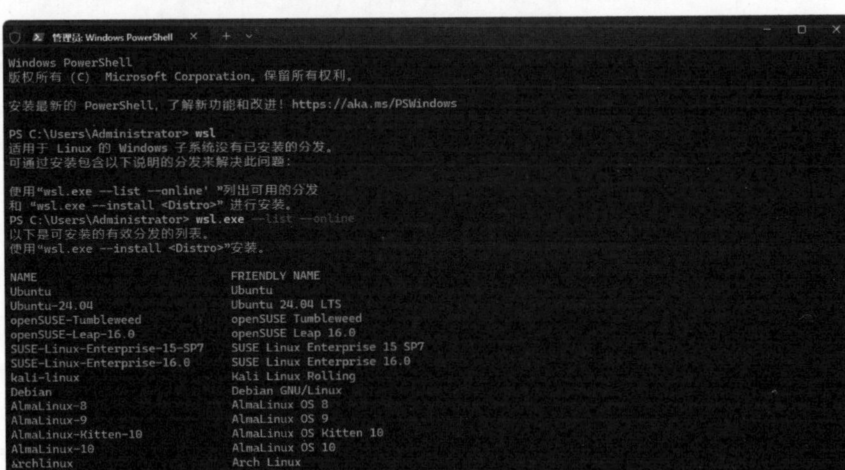

图 2-11

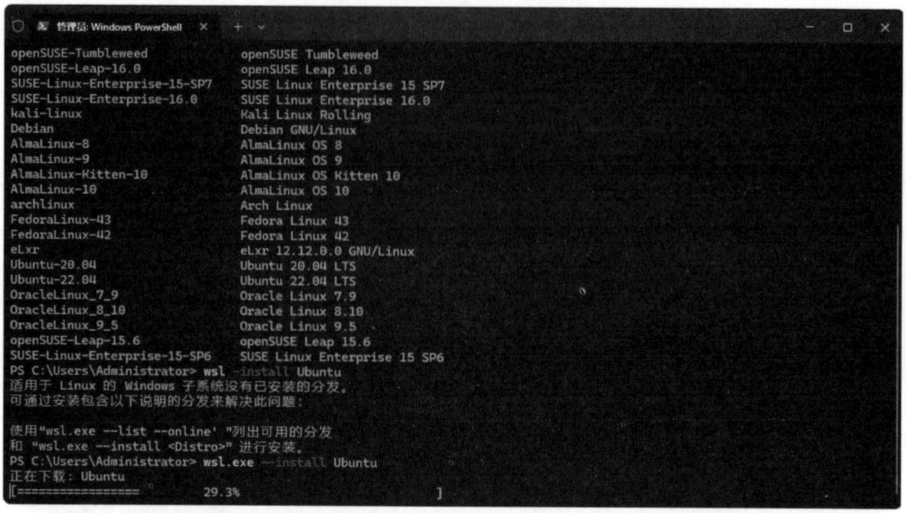

图 2-12

（4）下载完成后再打开“PowerShell”，输入“wsL.exe-d Ubuntu”或者在搜索栏输入Ubuntu直接进入终端。第一次进入需要设定用户名和密码，设定好后即可进入Ubuntu系统，如图2-13和图2-14所示。

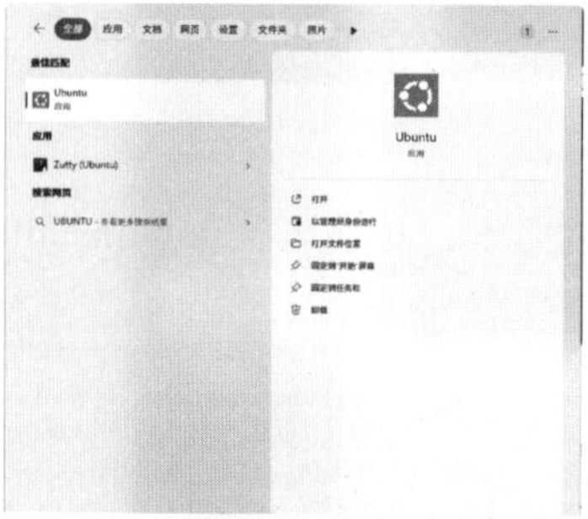

图 2-13

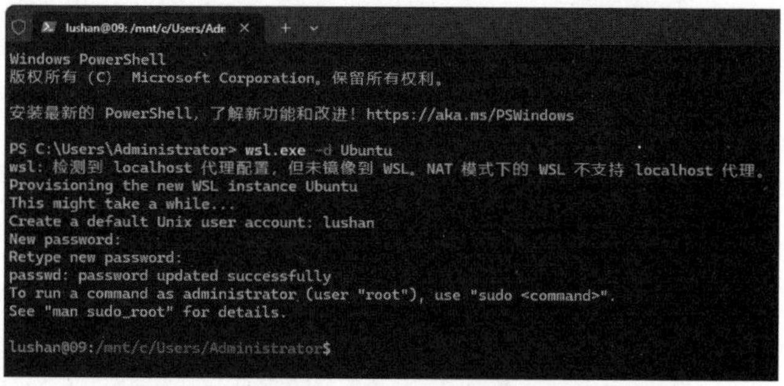

图 2-14

3. 安装OpenClaw

在完成核心依赖的环境配置后，即可进入OpenClaw的正式安装环节。本节将重点介绍在WSL（Ubuntu）环境下的安装流程，通过适配Linux子系统的特性，实现更稳定、高效的本地部署体验，为后续功能调试与二次开发提供可靠支撑。

安装OpenClaw的具体操作步骤如下。

（1）进入OpenClaw的官网复制这串Linux代码至Ubuntu上，按下回车键系统便会自动下载OpenClaw，如图2-15和图2-16所示。

图 2-15

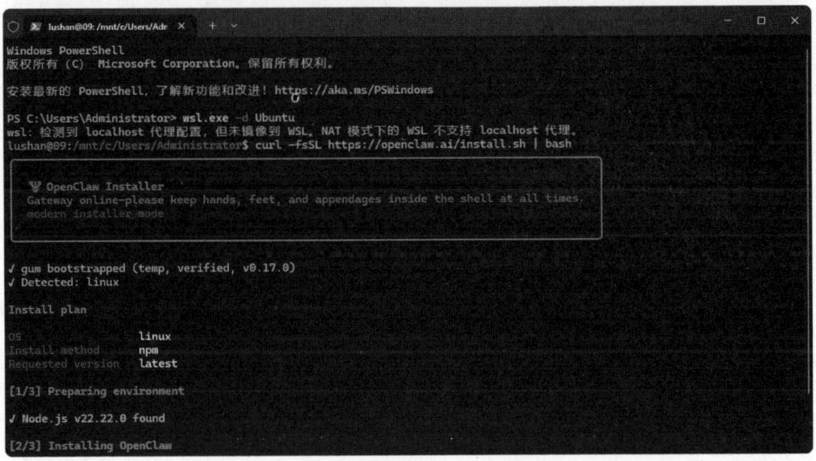

图 2-16

（2）下载完成后便自动开启对OpenClaw的初识配置，问题为“OpenClaw本身存在风险，是否继续？”，用键盘方向键移动至“Yes”并按下回车键，如图2-17所示。

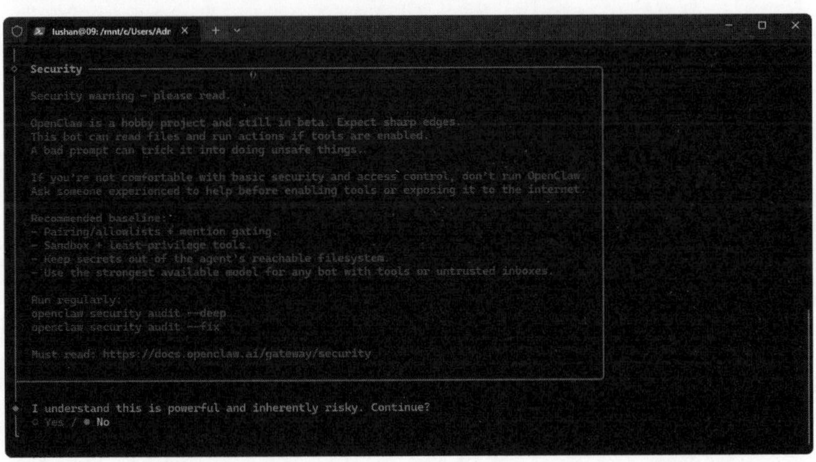

图 2-17

（3）这是让你挑选初始设置模式，选择“QucikStart”（快速开始模式）并按下回车键，如图2-18所示。

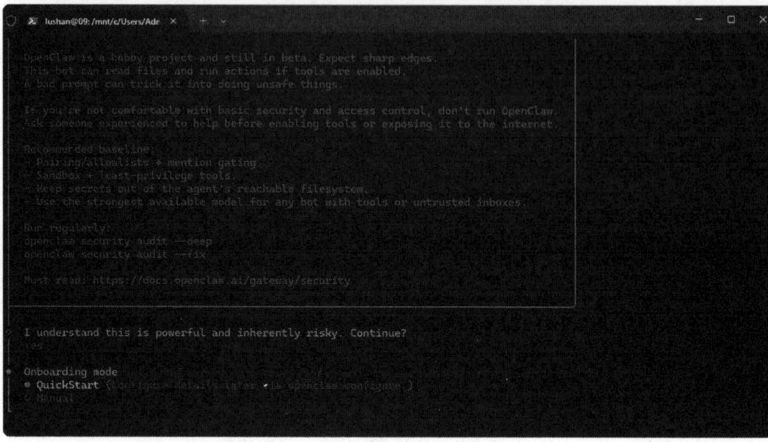

图 2-18

（4）这是让你挑选模型，不仅有国外的模型还有国内的模型，选择“Qwen”（阿里巴巴旗下的千问模型）和“Qwen OAuth”并按下回车键，当然你可以选择任何模型，如图2-19和图2-20所示。

（5）选择完模型后，Ubuntu会自动提供相应模型的认证网址，将网址复制粘贴到浏览器上，如图2-21所示。

（6）进入网址后进行相应的身份认证，认证成功后便可以设置OpenClaw的模型，这里要注意的是很多模型分为国内和国外两个版本，要注意区分，如图2-22和图2-23所示。

图 2-19

图 2-20

图 2-21

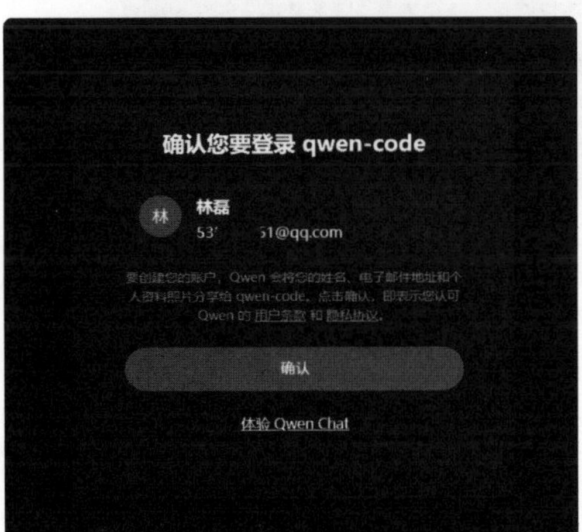

图 2-22

图 2-23

（7）这是让你选择OpenClaw本身的默认模型，选择“Keep current”（保持当前）并按下回车键，如图2-24所示。

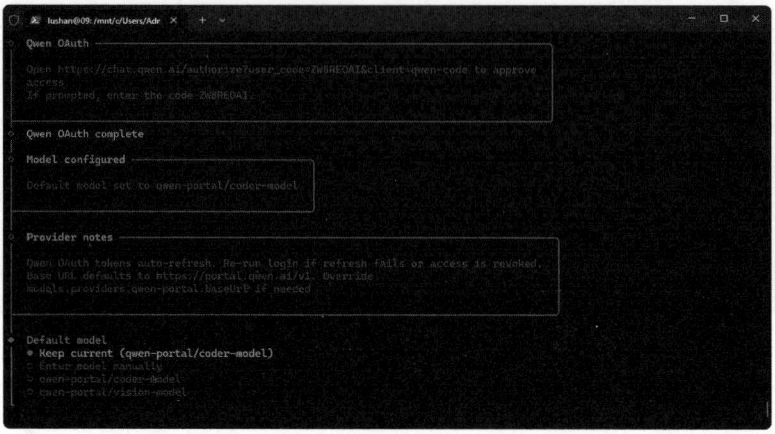

图 2-24

（8）这是让你选择OpenClaw适配的通信渠道，这里只能选择国外的通信软件所以先略过，选择“Skip for now”并按下回车键，如图2-25所示。

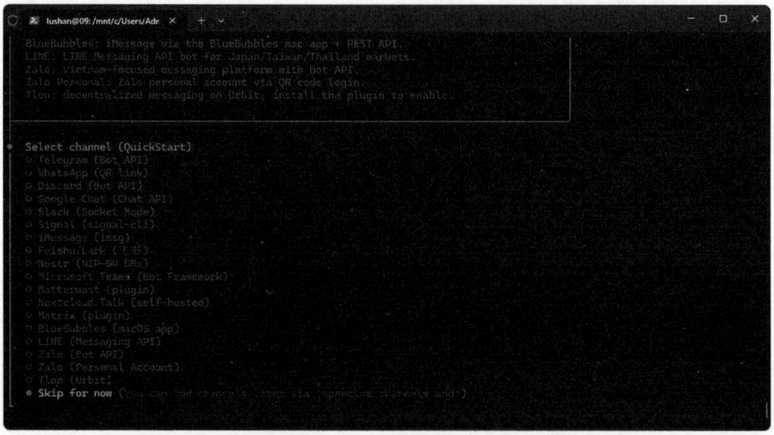

图 2-25

（9）这里让你选择是否现在配置技能，选择“Yse”并按下回车键，如图2-26所示。

（10）这里让你选择是否显示Homebrew安装命令，选择“Yse”并按下回车键，如图2-27所示。

（11）这里让你选择安装技能时首选的Node包管理器，选择“npm”（Node包管理器，Node.js默认自带）并按下回车键，如图2-28所示。

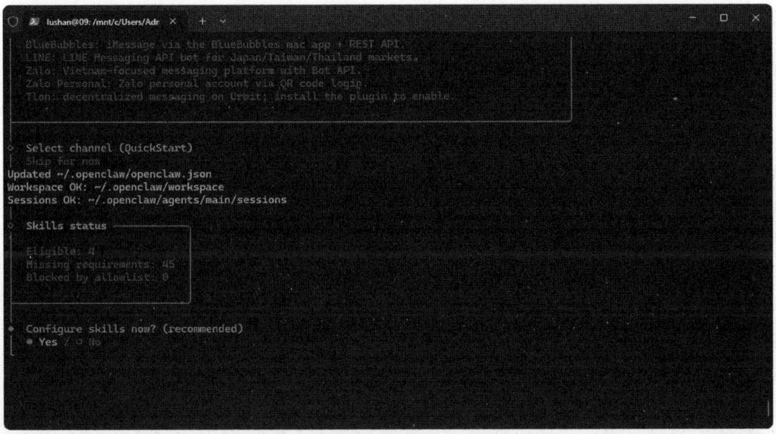

图 2-26

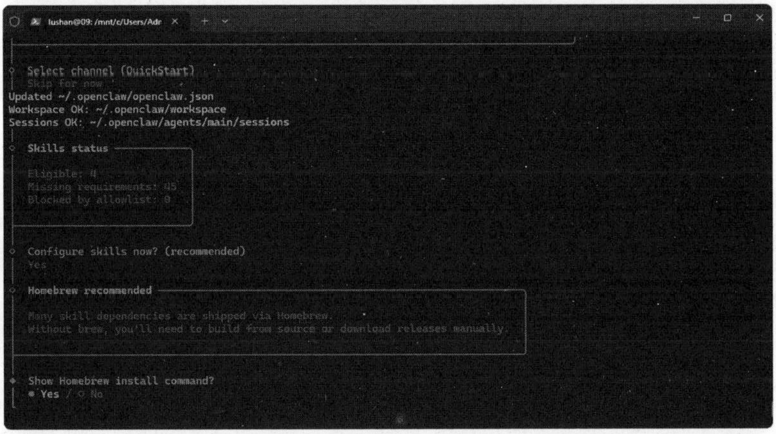

图 2-27

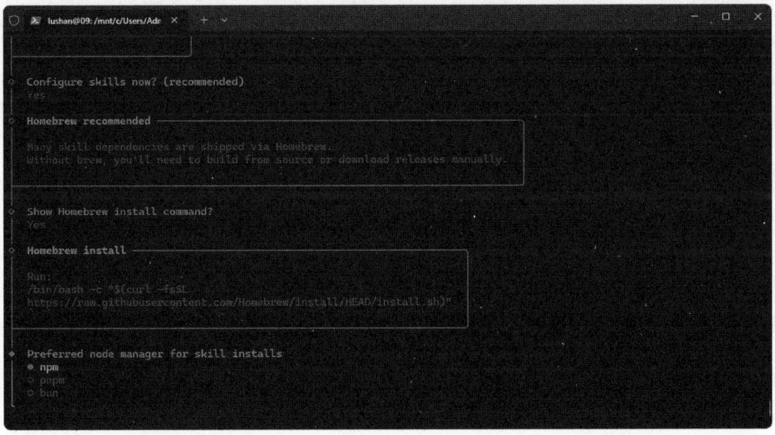

图 2-28

（12）这里让你选择需要的skill，按下空格键依次选择所有skill并按下回车键，系统会自动安装skill，skill是可插拔的核心功能模块，每个skill封装了特定的自动化任务逻辑，从而让OpenClaw具备执行特定任务，如图2-29和图2-30所示。

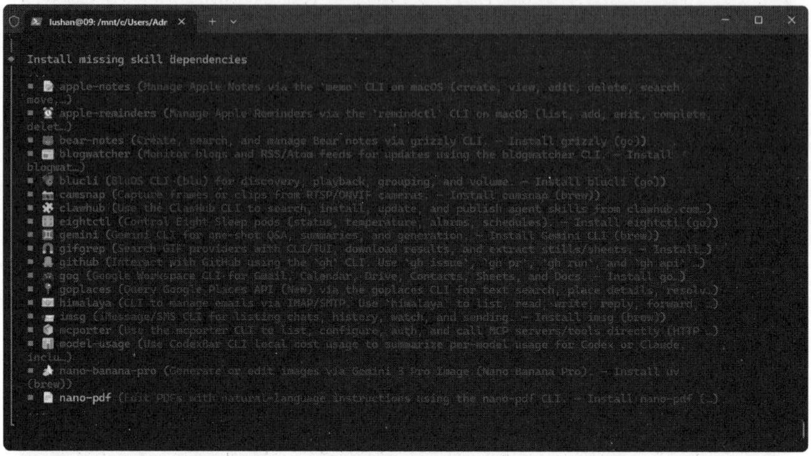

图 2-29

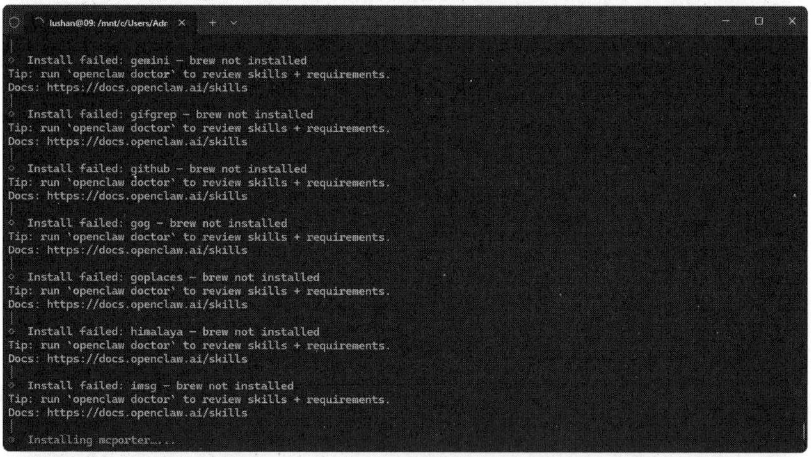

图 2-30

（13）这里让你选择是否设置以上国外软件的API key，全部选择“No”并按下回车键，如图2-31所示。

（14）这里让你选择是否启用钩子，勾选以下三个钩子并按下回车键，如图2-32所示。

（15）这里让你选择网关服务的配置，选择“Restart”（启动现有的网关服务，应用最新的配置）并按下回车键，如图2-33所示。

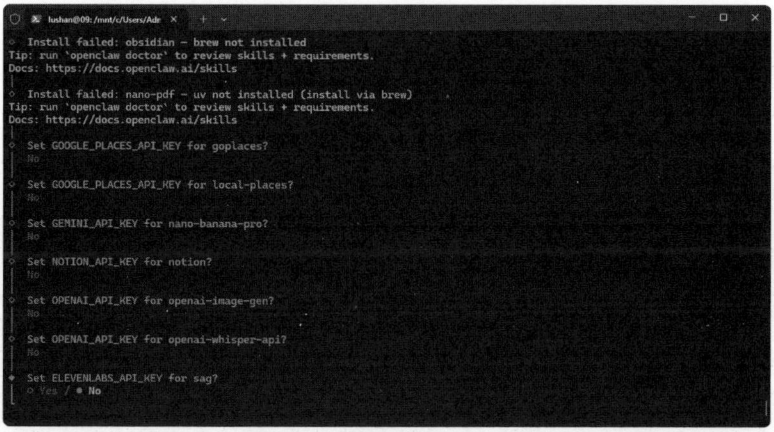

图 2-31

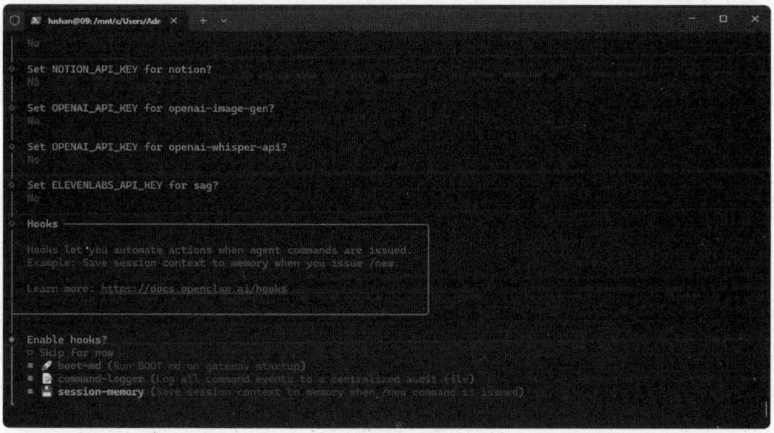

图 2-32

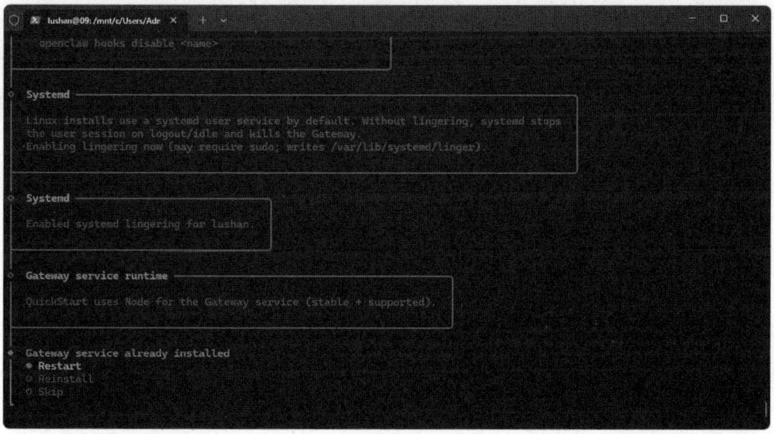

图 2-33

（16）这里让你选择怎么启动OpenClaw，选择“Open the Web UI”（打开网页界面）并按下回车键，系统会自动配置OpenClaw网页，并成功安装OpenClaw，如图2-34和图2-35所示。

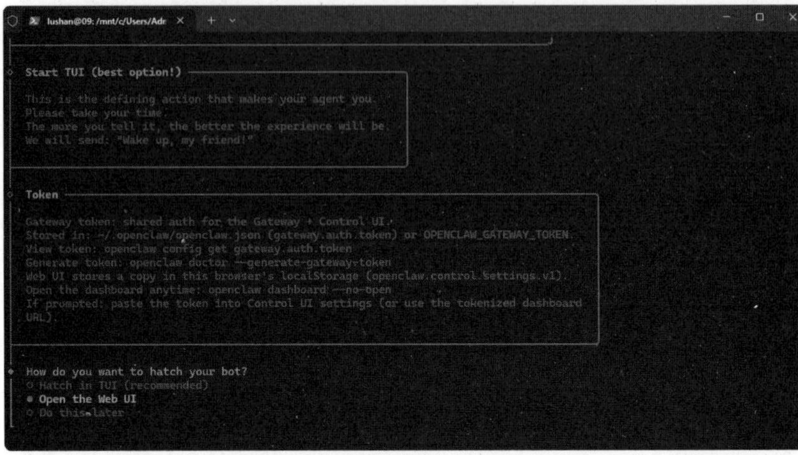

图 2-34

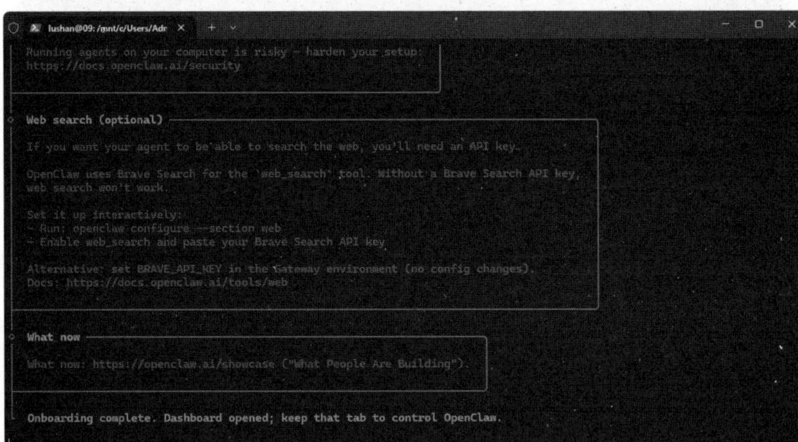

图 2-35

4. OpenClaw的使用

安装完成后便可以直接使用OpenClaw了，具体操作步骤如下。

（1）进入Ubuntu，输入“OpenClaw dashboard”，系统会自动弹出OpenClaw网页端网址，将网址复制粘贴至浏览器上，即可进入OpenClaw网页端，如图2-36所示。

（2）单击左侧的“Chat”按钮进入交互界面，在输入框输入文字，再单击“Send”按钮即可与OpenClaw进行交互，如图2-37所示。

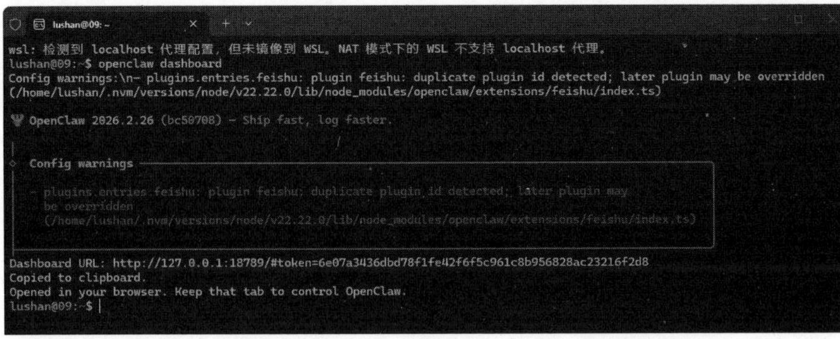

图 2-36

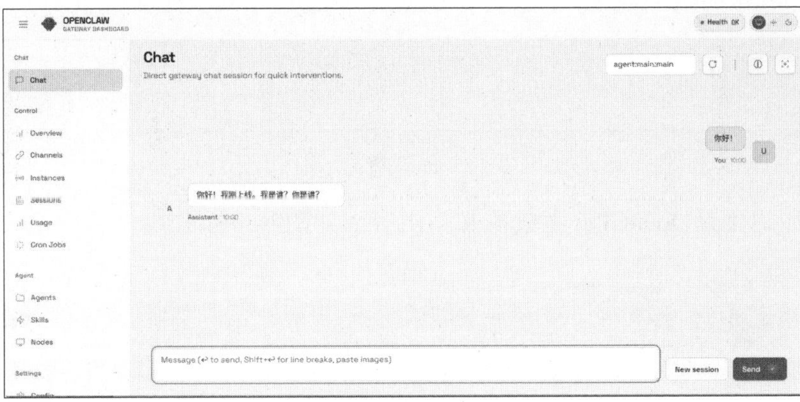

图 2-37

（3）让OpenClaw在桌面上生成一个Word文档，OpenClaw便会自动工作，替你在桌面上生成文档，如图2-38和图2-39所示。

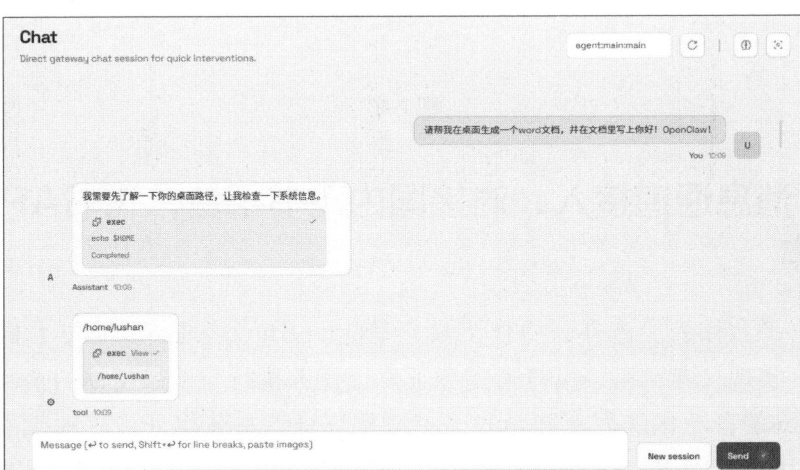

图 2-38

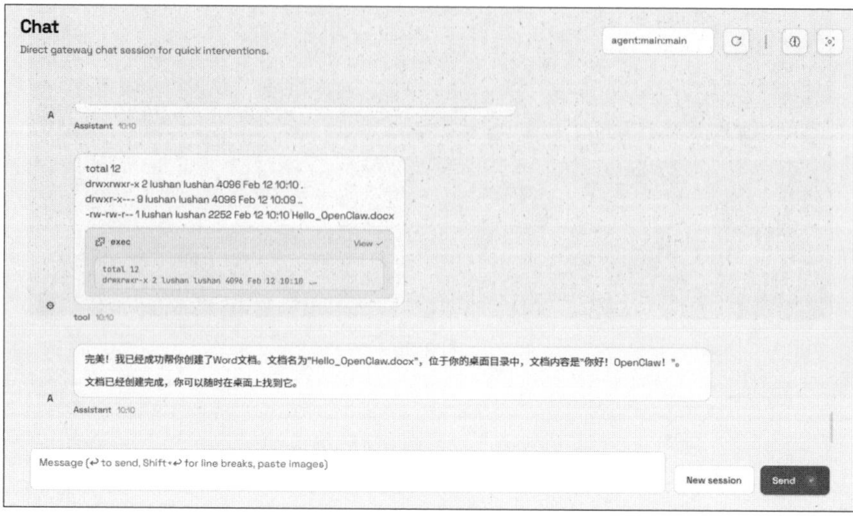

图 2-39

（4）以下是OpenClaw生成的文档内容，如图2-40所示。

图 2-40

2.3　消息通道接入：对接国内飞书平台，飞书APP直接操作

飞书平台作为主流办公协作工具，是OpenClaw落地自动化办公的核心消息通道。实现二者对接，可打通指令下发、任务执行与结果反馈的全流程，让OpenClaw的自动化能力无缝融入飞书协作场景。本节将分步讲解飞书应用创建、权限配置及通道接入的核心操作，完成配置后，用户即可通过飞书APP指令触发OpenClaw的各类自动化任务。

接入飞书平台的具体操作步骤如下。

（1）进入飞书开放平台官网，单击右上角的“开发者后台”按钮进入后台，再单击“创建企业自建应用”按钮创建应用，如图2-41和图2-42所示。

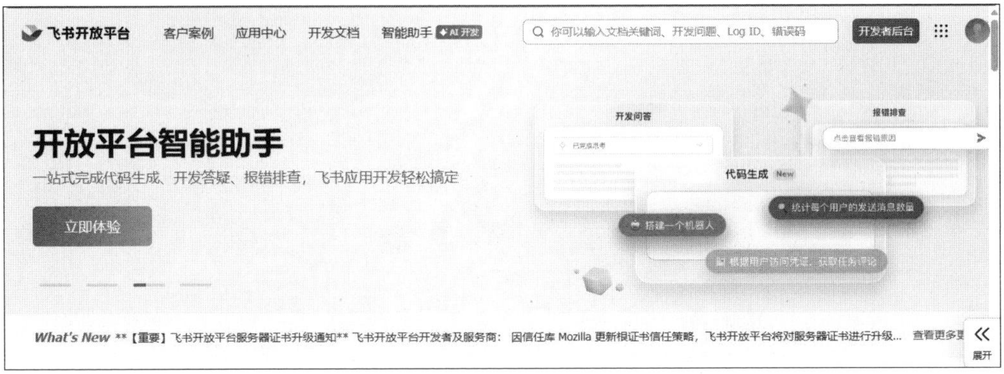

图 2-41

图 2-42

（2）输入应用名称和应用描述，再设计应用图标，接着单击“创建”按钮完成创建，如图2-43所示。

（3）单击左侧的“添加应用能力”按钮，选择机器人选项卡下方的“添加”按钮添加该应用能力，如图2-44所示。

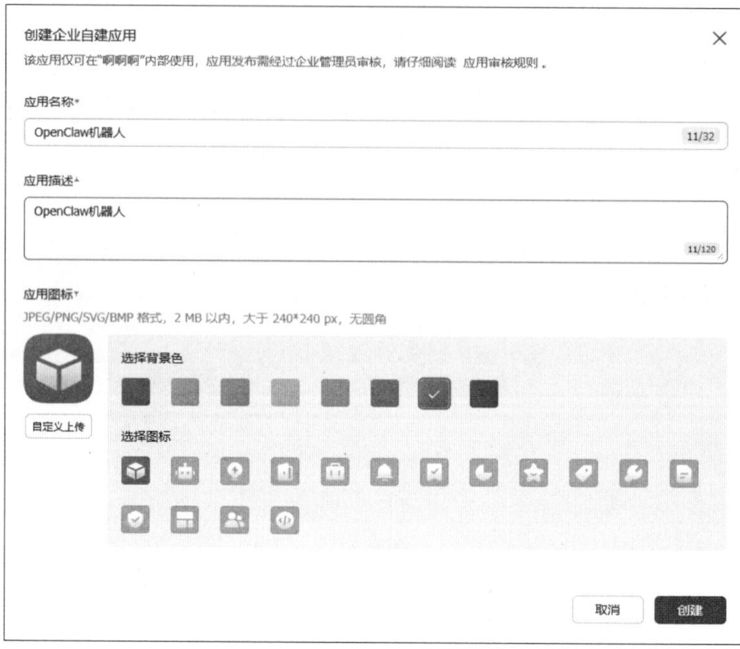

图 2-43

图 2-44

（4）单击左侧的“权限管理”按钮，再单击“开通权限”按钮勾选所有用户身份权限，接着单击“确认开通权限”按钮，如图2-45和图2-46所示。

图 2-45

图 2-46

（5）单击左侧的“版本管理与发布”按钮，再单击“创建版本”按钮进入版本创建界面，如图2-47所示。

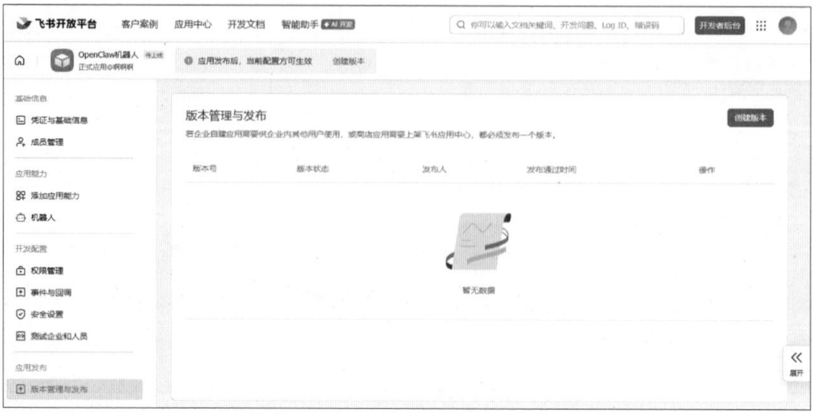

图 2-47

（6）输入应用版本号为“1.0.0”，再输入更新说明，下滑界面单击“保存”按钮，如图2-48和图2-49所示。

图 2-48

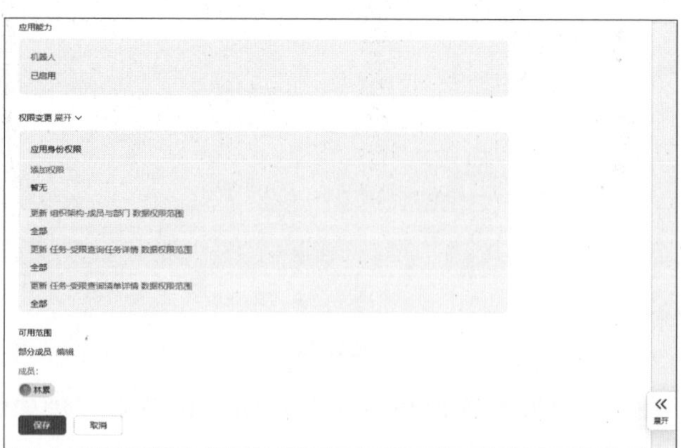

图 2-49

（7）进入Ubuntu，输入“OpenClaw plug insinstalt @mlheng-clawd/feishu”，系统便会自动下载飞书插件，如图2-50所示。

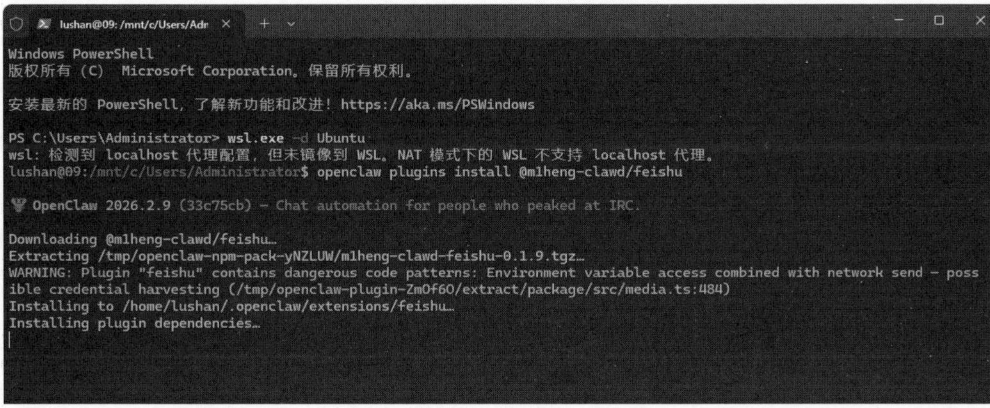

图 2-50

（8）下载完成后，进入飞书应用的“凭证与基础信息”界面，单击□按钮分别复制APP ID和APP Secret粘贴至Ubuntu上即可，如图2-51所示。

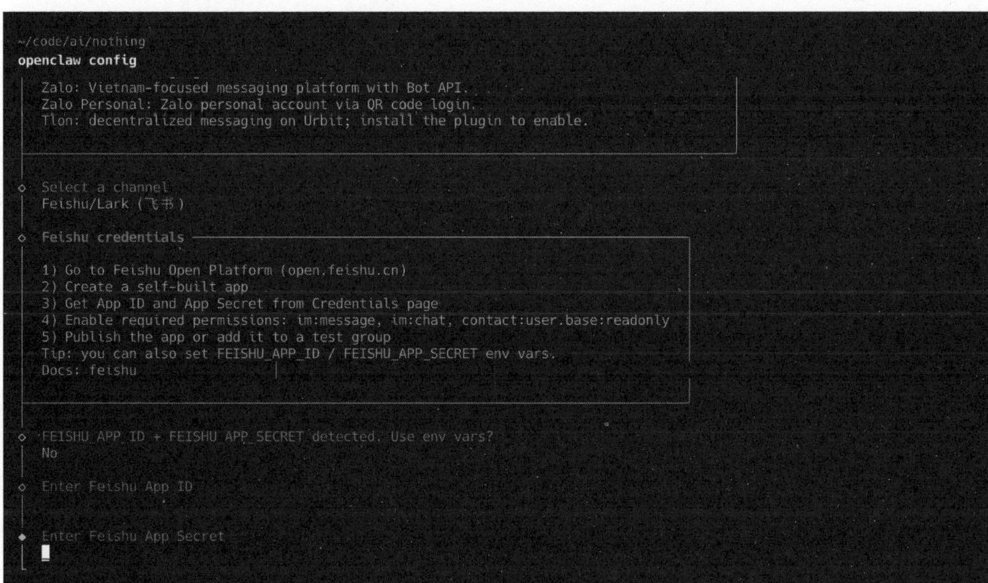

图 2-51

（9）回到飞书，单击应用左侧的“事件与回调”按钮，勾选“使用长连接接收事件”选项框，再单击“保存”按钮，接着单击“添加事件”按钮，如图2-52所示。

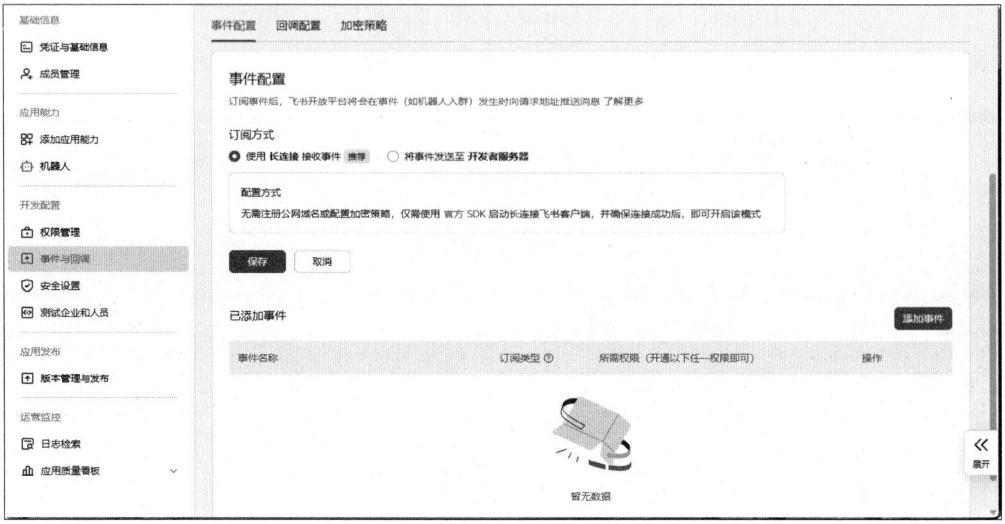

图 2-52

（10）单击“消息与群组”选项卡，勾选所有选项框并单击“确认添加”按钮，如图2-53所示。

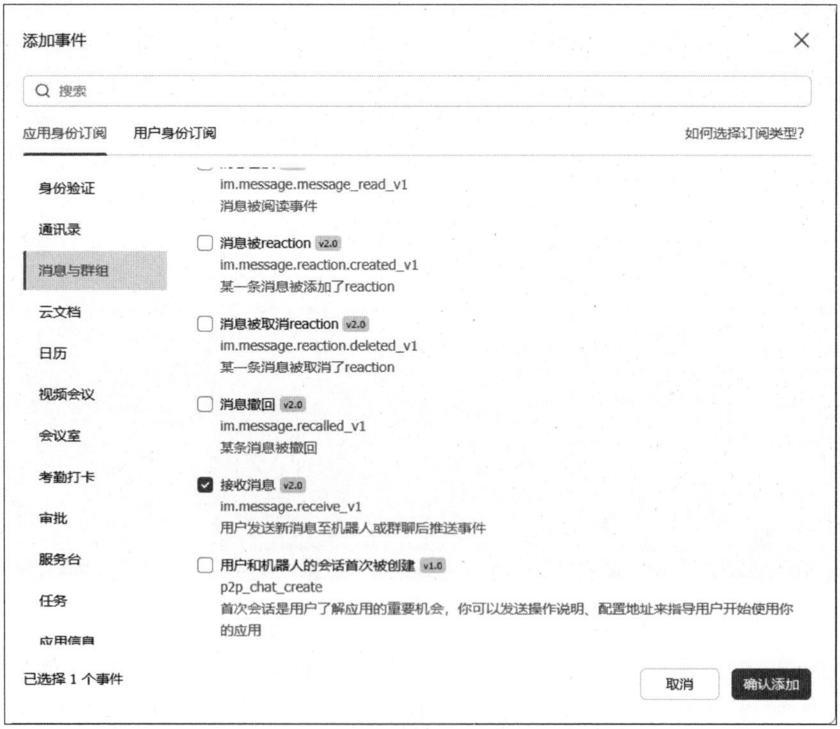

图 2-53

（11）单击“版本管理与发布”按钮，然后单击“创建版本”按钮再创建一个新的版本“1.0.1”，创建完成后即可在飞书上使用OpenClaw了，如图2-54和图2-55所示。

图 2-54

图 2-55

（12）打开手机上的飞书APP，点击“开发者小助手”按钮，再点击“打开应用”按钮，如图2-56和图2-57所示。

图 2-56

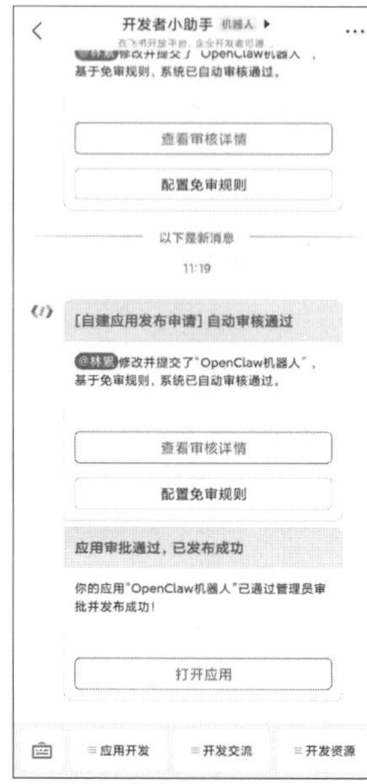

图 2-57

（13）这样就可以开启与OpenClaw的对话了，对话同样可以在OpenClaw网页端显示，如图2-58和图2-59所示。

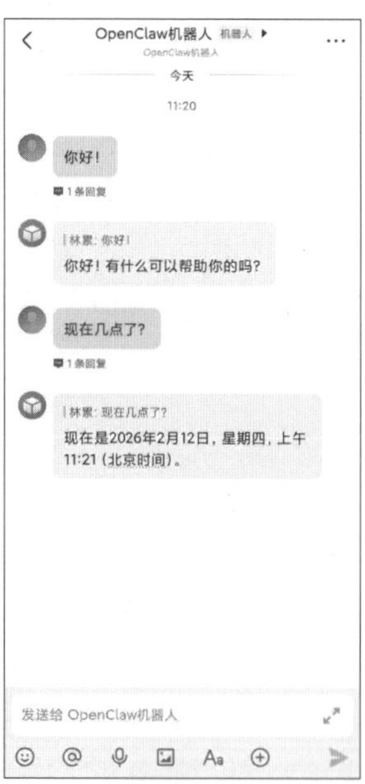

图 2-58

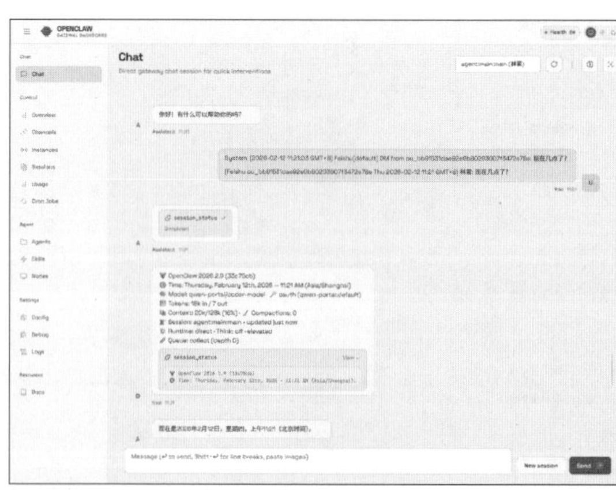

图 2-59

2.4　避坑指南：本地部署报错的10个解决方案

本地部署OpenClaw时，底层报错是阻碍AI落地的常见“拦路虎”，每一个问题都可能让部署陷入停滞。这些报错往往与硬件适配、权限配置、版本兼容等细节紧密相关，且在Mac、Windows、Linux等不同平台上表现各异。本节将聚焦最频发的10类底层报错，拆解核心原因并提供分平台的可落地解决方案，帮你快速排障，扫清部署路上的“绊脚石”，让AI真正稳定落地。

2.4.1　报错现象一：本地模型（Llama）推理启动失败

报错现象一：部署后执行轻量任务时，终端提示Out Of MemoryError或Model Load Failed，MacBook显示“进程被内核终止”，Windows提示“CUDA初始化失败”，Linux服务器出现“显存不足”告警。

◎ 核心原因

① 硬件算力/显存不匹配（如用8GB显存显卡加载13B量化模型）；

② 模型量化配置错误（未根据硬件选择GGUF量化等级）；

③ 平台依赖缺失（Mac未安装Metal加速库，Windows未配置CUDA环境，Linux缺失libtorch依赖）。

分平台解决方法见表2-3。

表 2-3

平台	具体解决步骤
MacBook	1.选择Q4_K_M或Q2_K等级的轻量化Llama量化模型；2.安装Metal加速依赖：pip install torch torchvision torchaudio --index-url https://download.pytorch.org/whl/nightly/cpu；3.关闭后台高内存应用，释放系统资源
Windows	1.核对显卡显存：7B模型≥8GB、13B模型≥16GB，不足则降级量化模型；2.安装对应显卡的CUDA Toolkit（如RTX 40系装CUDA 12.1）；3.配置环境变量：将CUDA_PATH添加至系统Path
Linux	1.执行nvidia-smi确认GPU显存与驱动版本，驱动低于535则升级；2.用--load-in-8bit参数启动模型，降低显存占用；3.安装系统依赖：sudo apt-get install libgomp1

2.4.2　报错现象二：向量数据库（RAG）本地检索连接超时

报错现象二：调用记忆系统时，提示Vector DB Connection Timeout，无法召回用户习惯或业务规则，本地向量数据库（FAISS/Chroma）进程未正常启动。

◎ 核心原因

① 存储权限不足（向量数据库无法写入本地数据目录）；

② 路径配置错误（跨平台路径格式不兼容，如Windows的\与Linux/Mac的/混用）；

③ 向量数据库依赖缺失（未安装faiss-cpu/chroma-core对应版本）。

分平台解决方法见表2-4。

表 2-4

平台	具体解决步骤
MacBook	1.赋予应用读写权限：右键OpenClaw启动程序→“显示简介”→勾选“完全磁盘访问权限”；2.检查配置文件，将路径改为~/Documents/OpenClaw/vector_db；3.重装依赖：pip install faiss-cpu==1.7.4
Windows	1.以管理员身份运行终端/启动程序，解决目录写入权限问题；2.配置文件中使用双斜杠路径：C:\\OpenClaw\\vector_db；3.安装VC++运行库，修复Chroma依赖缺失问题
Linux	1.修改目录权限：chmod 777 /opt/OpenClaw/vector_db；2.确认配置文件路径为绝对路径：/opt/OpenClaw/vector_db；3.安装系统依赖：sudo apt-get install libssl-dev

2.4.3 报错现象三：API熔断机制初始化失败

报错现象三：启动OpenClaw时，成本监控模块报错Env Variable Not Found或Circuit Breaker Init Error，无法加载Token阈值配置，熔断功能失效。

◎ 核心原因

① 环境变量未配置（缺失TOKEN_LIMIT、API_KEY等核心参数）；

② 依赖包版本冲突（熔断器库pybreaker与Python版本不兼容）；

③ 配置文件格式错误（yaml/json文件存在语法错误）。

分平台解决方法见表2-5。

表 2-5

平台	具体解决步骤
MacBook	1.编辑~/.zshrc，添加环境变量：export DAILY_TOKEN_LIMIT=100000，执行source ~/.zshrc；2.安装兼容版本：pip install pybreaker==1.0.1 python-dotenv==1.0.0；3.用YAML校验工具检查config/circuit_breaker.yaml语法
Windows	1.系统设置→“高级系统设置”→“环境变量”，新建系统变量（如DAILY_TOKEN_LIMIT=100000）；2.降级Python至3.10（兼容pybreaker）；3.用VS Code打开配置文件，修复json/yaml语法错误
Linux	1.编辑/etc/profile，添加环境变量，执行source /etc/profile；2.用虚拟环境隔离依赖：conda create -n OpenClaw python=3.10；3.执行yamllint config/circuit_breaker.yaml校验配置

2.4.4 报错现象四：跨平台部署（WSL /容器）文件路径映射错误

报错现象四：Windows使用WSL部署或全平台用Docker部署时，提示File Not

Found，无法读取本地模型文件、记忆数据或技能配置，容器与宿主机路径映射失效。

◎ 核心原因

① WSL路径转换错误（Windows本地路径未转为WSL路径）；

② Docker挂载参数错误（宿主机路径与容器内路径不匹配）；

③ 挂载目录权限不足（容器无法访问宿主机挂载的文件）。

分平台解决方法见表2-6。

表 2-6

部署场景	具体解决步骤
Windows+WSL	1.将Windows路径转为WSL路径：如C:\OpenClaw改为/mnt/c/OpenClaw；2.执行wsl --set-default-version 2，启用WSL2高性能模式；3.赋予WSL访问权限：sudo chown -R $USER:$USER /mnt/c/OpenClaw
全平台+Docker	1.修正run命令挂载参数：-v宿主机绝对路径:容器内绝对路径（如Mac：-v ~/OpenClaw:/app/OpenClaw）；2.避免挂载符号链接目录，改用实际目录；3.启动容器时添加--privileged参数，获取文件访问权限

2.4.5　报错现象五：离线模式下Skills（技能）调用失效

报错现象五：断网时执行本地任务（如文件整理、日程提醒），提示Skill Execute Failed或Tool API Unavailable，违背OpenClaw “全天候”设计哲学。

◎ 核心原因

① 技能配置未开启离线模式（默认依赖云端API）；

② 本地工具缓存未初始化（如离线文案模板、本地订单查询接口未缓存）；

③ 系统离线权限限制（Mac/Windows阻止应用离线访问本地工具）。

分平台解决方法见表2-7。

表 2-7

平台	具体解决步骤
MacBook	1.编辑config/skills.yaml，将所有核心技能的offline_support设为true；2.执行python scripts/init_offline_cache.py初始化本地缓存；3.关闭“网络访问限制”：系统设置→“网络”→“防火墙”→放行OpenClaw
Windows	1.同MacBook修改技能配置，开启离线支持；2.以管理员身份运行缓存初始化脚本，下载离线依赖；3.防火墙高级设置中，允许OpenClaw在“域、专用、公网”网络下的离线访问权限
Linux	1.修改技能配置文件，启用离线模式；2.执行chmod+x scripts/init_offline_cache.py && ./scripts/init_offline_cache.py；3.关闭SELinux：sudo setenforce 0，解除离线文件访问限制

2.4.6 报错现象六：离线模式下记忆加载失败

报错现象六：断网或重启后，OpenClaw无法加载用户历史记忆、业务规则或技能配置，提示“Memory Load Failed”或“Vector DB Not Found”，导致个性化能力失效。

◎ 核心原因

① 本地向量数据库（如Chroma/FAISS）路径配置错误，重启后无法定位数据目录；

② 记忆文件权限不足（如Docker容器未挂载宿主机记忆目录）；

③ 向量数据库版本不兼容（升级后数据格式不兼容，导致索引损坏）。

分平台解决方法见表2-8。

表 2-8

平台	具体解决步骤
MacBook	1.检查config/vector_db.yaml，确认persist_directory为绝对路径； 2.执行chmod -R 755 ~/Documents/OpenClaw/vector_db修复权限； 3.若索引损坏，删除旧数据并重新执行python scripts/init_memory.py重建记忆库
Windows	1.以管理员身份运行终端，执行icacls “C:\OpenClaw\vector_db” /grant Everyone:F修复权限； 2.检查配置文件中路径是否使用双反斜杠（\\），避免转义问题； 3.若版本不兼容，降级到兼容版本：pip install chroma-core==0.4.3
Linux	1.确认/opt/OpenClaw/vector_db目录存在且属主为运行用户：chown -R $USER:$USER /opt/OpenClaw/vector_db； 2.检查SELinux规则：setenforce 0临时关闭，避免阻止文件访问； 3.重建索引：python scripts/rebuild_index.py

2.4.7 报错现象七：技能（Skills）依赖库缺失

报错现象七：调用特定技能（如“电商订单处理”“文档OCR识别”）时，提示“Module Not Found Error”或“Dependency Missing”，技能无法正常执行。

◎ 核心原因

① 技能依赖的第三方库未安装（如pandas、opvencv-python、pdfplumber）；

② 虚拟环境与全局环境冲突，技能脚本使用了错误的Python环境；

③ 技能配置中指定的依赖版本与系统不兼容（如要求pandas>=2.0，但系统版本为1.5）。

分平台解决方法见表2-9。

表 2-9

平台	具体解决步骤
MacBook	1.激活虚拟环境：source venv/bin/activate； 2.按技能文档安装依赖：pip install -r skills/order_process/requirements.txt； 3.若版本冲突，使用pip check排查并升级兼容版本
Windows	1.以管理员身份运行PowerShell，激活虚拟环境：.\venv\Scripts\Activate.ps1； 2.执行pip install -r .\skills\ocr_recognize\requirements.txt； 3.若提示VC++运行库缺失，安装Microsoft Visual C++Redistributable
Linux	1.激活虚拟环境：source venv/bin/activate； 2.安装系统级依赖：sudo apt-get install -y libopencv-dev libpoppler-cpp-dev； 3.再安装Python依赖：pip install -r skills/document_parse/requirements.txt

2.4.8　报错现象八：跨设备同步失败

报错现象八：在多设备（如办公电脑+笔记本）使用OpenClaw时，记忆、技能配置无法同步，提示“Sync Failed”或“Conflict Detected”，导致设备间体验不一致。

◎ 核心原因

① 同步服务（如WebDAV、云存储）凭证过期或配置错误；

② 设备间时间不同步，导致版本冲突（如A设备修改后，B设备基于旧版本覆盖）；

③ 网络代理或防火墙阻止了同步请求，数据无法上传/下载。

分平台解决方法见表2-10。

表 2-10

平台	具体解决步骤
MacBook	1.检查config/sync.yaml，确认WebDAV /云存储账号密码正确； 2.同步系统时间：sudo systemsetup -setnetworktimeserver time.apple.com； 3.关闭防火墙：sudo /usr/libexec/ApplicationFirewall/socketfilterfw --setglobalstate off测试，再逐步放行规则
Windows	1.打开“日期和时间”设置，开启“自动设置时间”； 2.检查防火墙规则，允许OpenClaw出站连接到同步服务器； 3.重新生成同步密钥：python scripts/regenerate_sync_key.py，并在所有设备重新配置
Linux	1.同步时间：sudo timedatectl set-ntp true； 2.检查ufw或firewalld，放行同步端口（如443）； 3.测试连接：curl -I https://sync.OpenClaw.ai，排查网络问题

2.4.9　报错现象九：GPU加速未生效

报错现象九：调用本地模型（Llama）时，推理速度极慢，终端提示“Using CPU for inference”，GPU未被利用，导致响应延迟高。

◎ 核心原因

① GPU驱动版本过低或未正确安装（如NVIDIA驱动、CUDA Toolkit）；

② 模型量化配置错误（如使用了不支持GPU的量化格式，如GPTQ而非AWQ）；

③ 环境变量未正确指向GPU库（如CUDA_VISIBLE_DEVICES未设置）。

分平台解决方法见表2-11。

表 2-11

平台	具体解决步骤
MacBook	1.确认Mac为Apple Silicon芯片，安装Metal加速依赖：pip install torch torchvision torchaudio --index-url https://download.pytorch.org/whl/cpu； 2.检查模型配置，使用--quantize q4_k_m等支持Metal的量化参数； 3.重启应用，观察日志中是否出现“Using Metal backend”
Windows	1.安装最新NVIDIA驱动和CUDA Toolkit 12.1； 2.检查环境变量：echo %CUDA_PATH%，确保指向正确安装目录； 3.重新安装模型：python scripts/install_model.py --use-cuda，启用GPU推理
Linux	1.执行nvidia-smi确认GPU识别正常，驱动版本≥ 535； 2.安装CUDA对应版本的PyTorch：pip3 install torch torchvision torchaudio --index-url https://download.pytorch.org/whl/cu121； 3.设置可见GPU：export CUDA_VISIBLE_DEVICES=0，再启动OpenClaw

2.4.10 报错现象十：日志与监控数据丢失

报错现象十：OpenClaw运行一段时间后，日志文件为空，监控面板（如Prometheus/Grafana）无数据，无法排查问题或分析Token消耗。

◎ 核心原因

① 日志目录权限不足，应用无法写入日志文件；

② 监控服务（如Prometheus）未正确配置，无法抓取OpenClaw指标；

③ 日志轮转配置错误，旧日志被覆盖或删除，导致数据丢失。

分平台解决方法见表2-12。

表 2-12

平台	具体解决步骤
MacBook	1.修复日志目录权限：chmod -R 755 ~/Library/Logs/OpenClaw； 2.检查config/logging.yaml，确认file_path为绝对路径； 3.重启应用，观察日志是否实时写入
Windows	1.以管理员身份运行OpenClaw，确保可写入C:\ProgramData\OpenClaw\Logs； 2.检查防火墙，允许Prometheus抓取9090端口； 3.调整日志轮转配置，保留至少7天历史日志
Linux	1.执行chown -R $USER:$USER /var/log/OpenClaw修复权限； 2.配置Prometheus抓取目标：static_configs: [{targets: [‘localhost:9090’]}]； 3.使用logrotate管理日志，避免磁盘空间耗尽

第 3 章 多模型调度与意图识别：配置最聪明且省钱的“大脑”

在前面的章节中，我们解析了OpenClaw的基础架构与部署方法，但要让智能体真正“聪明且省钱”，核心在于对“大脑”的精细化配置。本章将聚焦于多模型调度与意图识别，这是OpenClaw实现高效、经济、稳定运行的关键。我们将从模型路由、提示词工程、记忆系统和成本监控四个维度，教你如何为智能体配置一个既聪明又可控的“大脑”，让它在精准理解意图的同时，避免不必要的算力消耗与成本浪费，真正实现“用最少的Token，做最多的事”。

3.1 模型路由：什么时候用GPT-5？什么时候调用本地Llama

在OpenClaw中，模型路由的本质是“任务与能力的匹配”：何时调用强大但昂贵的GPT-5处理复杂推理，何时切换到本地部署的Llama完成轻量任务，直接决定了智能体的运行成本与响应速度。本节将拆解模型路由的核心逻辑与实现方式，教你如何根据任务复杂度、数据敏感度和成本预算，构建一套高效的多模型调度策略。

3.1.1 模型路由的核心决策维度

模型选择并非越贵越好，而是基于任务需求的精准匹配。在OpenClaw中，模型路由的决策需要综合考量四大核心维度：任务复杂度、数据隐私敏感度、成本预算和响应延迟要求。只有明确这些维度的优先级，才能构建出高效、可靠的路由策略。

1. 任务复杂度

高复杂度任务：需要深度推理、多步骤规划、跨领域知识整合的任务（如营销战略制定、复杂数据分析、创意内容策划），优先选择GPT-5等云端大模型。

低复杂度任务：规则明确、流程固定的轻量任务（如邮件分类、日程提醒、简单文案生成），可由本地Llama高效完成。

2. 数据隐私敏感度

敏感数据场景：涉及用户隐私、商业机密（如电商订单数据、KOC合作协议、新品研发资料）的任务，必须优先使用本地Llama，确保数据不流出可控范围。

非敏感数据场景：公开信息查询、通用知识问答等任务，可灵活选择云端模型提升效率。

3. 成本预算

高成本容忍度：对效率和效果要求极高的核心业务（如大促营销策划、关键客户服务），可优先使用GPT-5保障质量。

低成本约束：高频、标准化的日常任务（如数据整理、客服话术生成），优先使用本地Llama控制成本。

4. 响应延迟要求

实时交互场景：需要毫秒级响应的场景（如直播互动、实时客服），优先使用本地Llama降低延迟。

非实时场景：允许一定延迟的任务（如报告生成、数据分析），可选择云端模型提升质量。

3.1.2　GPT-5的适用场景：追求极致智能与质量

GPT-5作为云端大模型的代表，拥有顶尖的推理能力、知识储备和多模态理解能力，是OpenClaw应对复杂任务的“王牌”。但高昂的成本和云端依赖特性，决定了它并非所有场景的最优解。以下是适合GPT-5的核心适用场景，让你在追求极致智能的同时，避免不必要的成本浪费，见表3-1。

表 3-1

适用场景分类	典型应用场景	核心价值
复杂推理与战略规划	营销战略制定、商业决策分析、复杂问题拆解（如“如何提升新品在小红书的转化率”）	整合多维度信息，生成深度洞察与可执行策略，远超本地模型的能力边界
高创意内容生成	品牌故事创作、广告文案策划、KOC种草内容定制	创意生成能力更贴合用户偏好与平台风格，显著提升内容质量与转化效果
多模态理解与跨域知识整合	图像分析（如商品图片优化建议）、视频脚本创作、跨行业知识问答	支持多模态输入输出，能处理更丰富的信息类型，满足复杂业务需求
深度客户洞察与策略优化	用户画像深度分析、流失原因诊断、客户生命周期策略制定	整合多源客户数据，生成精准的客户分层与个性化运营策略
复杂问题排查与原因分析	系统故障诊断、业务流程瓶颈分析、异常数据溯源	快速定位问题根源，提供系统性解决方案，提升问题解决效率
行业合规与风险评估	政策法规解读、合同条款审核、业务风险评估	深度理解行业合规要求，生成风险报告与合规建议

3.1.3　本地Llama的适用场景：追求隐私、效率与成本可控

本地Llama作为轻量化私有化模型，是OpenClaw实现“全天候、私有化”哲学的核心载体。它不依赖云端、数据本地处理、成本极低，适合高频、敏感、实时的任务场景。以下是本地Llama的核心适用场景，让你在保障隐私与效率的同时，最大化控制成本，见表3-2。

表 3-2

适用场景分类	典型应用场景	核心价值
敏感数据处理与私有化部署	电商订单数据整理、KOC合作协议生成、企业内部文档分析、财务报表本地处理	数据全程本地处理，不流出企业内网，完美适配《数据安全法》等监管要求
高频轻量任务自动化	邮件分类、日程提醒、简单客服话术生成、数据录入、报销单初审	响应速度快、成本极低，能7×24小时处理高频任务，大幅提升效率
离线与低延迟场景	出差断网时的文件处理、实时客服响应、IoT设备交互、工业现场数据采集	不依赖网络连接，能在离线状态下稳定运行，同时实现毫秒级响应
边缘计算与本地交互	门店POS机智能辅助、车载信息系统、智能家居本地控制	部署在边缘设备，减少网络传输，保障低延迟与数据隐私
成本敏感型批量处理	批量生成标准化合同、批量处理用户咨询、批量生成报表	无须按Token付费，大幅降低大规模处理任务的算力成本

3.1.4 混合部署的最佳实践：效率与成本的平衡艺术

在实际业务中，单一模型无法满足所有需求，混合部署（本地Llama+云端GPT-5）是OpenClaw的核心落地模式。只有这样才能在保障智能水平的同时，最大化控制成本，实现效率与成本的最优平衡。

1. 混合部署的核心设计原则

混合部署的本质是“任务分层、数据分级、动态调度”的协同策略：

任务分层：将复杂推理、创意生成等“重脑力”任务交给GPT-5，把高频轻量、实时响应等“体力活”交给本地Llama，让每个模型都做最擅长的事。

数据分级：敏感数据（如订单、合同、内部文档）全程在本地Llama处理，非敏感公开数据（如行业资讯、通用问答）可通过GPT-5处理，既保障隐私又释放算力。

动态调度：通过OpenClaw的Gateway路由层实时感知任务属性、数据敏感度和系统负载，自动分配最优模型，无须人工干预即可实现“该上云时上云，该本地时本地”。

2. 混合部署的架构实现

OpenClaw通过三层架构实现混合部署的无缝协同：

Gateway路由层：接收用户请求，完成身份认证和协议转换，根据任务复杂度、数据隐私等级和响应要求，将请求路由至本地Llama或云端GPT-5。

Brain决策层：对复杂任务进行拆解，将子任务分配给不同模型，比如先由本地Llama完成数据清洗和初步分析，再由GPT-5进行深度洞察和策略生成，最后融合结果输出。

Skills执行层：根据模型输出调用具体工具，比如本地Llama触发本地文件操作，GPT-5触发云端API，确保任务闭环。

3. 成本与效率的量化评估

混合部署的价值可通过核心指标量化：

Token消耗：将高频轻量任务转移到本地后，Token消耗可降低40%～60%，大幅削减云端成本；

响应速度：实时任务由本地处理，响应时间从秒级压缩至毫秒级，用户体验显著提升；

人力成本：自动化率提升后，人力替代率可达30%～50%，尤其在高频重复性任务中效果明显。

4. 实施步骤与避坑指南

试点先行：先从高频轻量任务（如邮件分类、数据录入）入手，验证本地Llama的稳定性和效率；

逐步扩展：再扩展到复杂任务（如内容创作、数据分析），逐步完善混合部署策略；

监控优化：建立全链路监控体系，跟踪模型调用频率、响应时间和成本消耗，持续优化路由规则；

安全兜底：确保敏感数据始终在本地处理，避免因模型切换导致数据泄露风险。

5. 典型业务场景的混合部署实践

混合部署（本地Llama+云端GPT-5）的核心价值在于协同增效，而非简单的任务分割。在各类实际业务中，二者紧密配合，形成“本地筑牢底座、云端提升上限”的完整能力闭环，让AI在安全、高效的前提下，释放最大业务价值，见表3-3。

表 3-3

业务场景	模型分工（协同模式）	核心价值
智能客服全链路服务	本地Llama实时响应用户高频咨询，处理订单、物流等敏感数据查询；GPT-5深度理解用户复杂诉求，生成个性化解决方案与情绪安抚策略，再由Llama完成落地执行	兼顾毫秒级响应、数据隐私安全与服务质量，大幅提升用户满意度与问题解决率
企业级知识问答系统	本地Llama检索企业内部知识库，快速提取相关文档与数据；GPT-5整合信息，生成结构化、深度的专业回答，并补充行业洞察与建议	保障内部数据不流出内网，同时提供远超传统知识库的高质量知识输出

续表

业务场景	模型分工（协同模式）	核心价值
金融反欺诈分析	本地Llama实时处理交易数据流，快速识别异常模式并触发预警；GPT-5对可疑交易进行深度关联分析，结合历史数据与行业规则生成欺诈风险报告与处置建议	低延迟阻断实时风险，同时提升风控决策的准确性与前瞻性
工业设备预测性维护	本地Llama处理边缘传感器的实时数据，进行异常检测与初步诊断；GPT-5分析历史故障数据与行业知识，预测潜在故障并生成精准的维护策略与备件建议	保障产线稳定运行，同时实现从"被动维修"到"主动预测"的维护模式升级
内容创作与营销策划	本地Llama批量生成内容初稿、整理用户数据与竞品信息；GPT-5进行创意优化、风格调整与策略深化，生成可直接执行的营销方案	大幅提升内容生产效率，同时保证内容的高质量、策略性与转化效果

3.1.5 未来演进：模型路由的智能化升级

随着大模型技术的快速迭代与业务场景的不断丰富，模型路由正从“规则驱动”向“智能驱动”深度演进。这一升级的核心，是让OpenClaw的路由决策不再依赖人工预设的固定规则，而是通过自主学习与实时反馈，自动适配业务变化与用户需求，实现更精准、更高效、更经济的模型调度。

强化学习将成为智能路由的核心引擎。通过对历史任务数据的持续训练，路由系统可以自主学习不同任务类型、数据敏感度、成本约束下的最优模型选择策略，逐步形成一套贴合业务场景的“决策直觉”。当新任务出现时，系统无须人工调整规则，就能快速判断并选择最适合的模型，大幅提升路由决策的精准度与响应速度。

实时反馈闭环将让路由策略持续进化。OpenClaw会实时收集模型执行过程中的关键指标，包括响应时间、Token消耗、任务成功率、用户满意度等，将这些数据作为反馈信号，动态修正路由模型的决策逻辑。这种“执行-反馈-优化”的闭环机制，让路由策略能快速响应业务变化，始终保持最优性能。

多模型生态整合将拓展路由的选择空间。未来，OpenClaw将不再局限于GPT-5与本地Llama的二元选择，而是支持接入更多开源模型、行业定制模型与垂直领域大模型，形成丰富的模型矩阵。路由系统会根据任务特性，在更广泛的模型生态中精准匹配能力与成本最优的组合，让智能体的“大脑”配置更具灵活性与适应性。

智能化路由的终极价值，是让OpenClaw从“被动执行调度指令”升级为“主动优化生产力配置”。它不仅能在任务执行前选择最优模型，更能在执行过程中动态调整策略，甚至预判业务需求，提前优化资源配置。这种智能化升级，将进一步释放OpenClaw的生产力潜能，推动智能体从“工具”向“自主伙伴”的跨越，为个人与组织创造更深度的价值。

3.2　提示词工程进阶：如何为OpenClaw注入稳定的“人格”

一个稳定的人格是智能体与用户建立信任的基础，而提示词工程正是塑造这一人格的核心手段。在OpenClaw中，提示词不仅是指令，更是智能体的行为准则与身份定义。本节将深入探讨提示词工程的进阶技巧，教你如何通过结构化提示词、角色定义和规则约束，为OpenClaw注入稳定、一致且贴合场景的人格，让它在复杂交互中始终保持专业、可靠的表现。

3.2.1　人格的本质：为什么稳定的“人格”是智能体的信任基石

很多人误以为“人格”只是智能体的说话语气，实则不然。OpenClaw的“人格”是一套完整的行为准则、身份定位与交互风格，它决定了智能体“是谁”“该做什么”“该怎么说”。稳定的人格是用户信任的核心，也是智能体从“被动工具”转向“主动伙伴”的关键。

1. 人格的核心三要素

人格具有以下三个要素：

身份定位：明确智能体的角色（如“电商运营助理”“个人数字秘书”“营销策划专家”），让它清楚自己的职责边界。

行为准则：定义智能体的做事方式（如“严谨高效”“耐心共情”“创意驱动”），指导它在任务执行中的决策。

交互风格：规范智能体的表达语气（如“专业简洁”“亲切活泼”“权威可信”），提升用户交互体验。

2. 不稳定人格的危害

如果智能体的人格不稳定，就像一个反复无常的合作伙伴，会从信任、安全、体验三个维度对交互产生系统性破坏。

前后矛盾：信任基石的崩塌。同一问题在不同对话中给出矛盾答案，会直接摧毁用户对智能体的信任。例如，用户向电商智能客服咨询退换货政策，第一次得到“7天无理由退换”的答复，再次询问时却被告知“必须有质量问题才能退换”，这种矛盾会让用户对服务产生强烈质疑，甚至引发投诉。在金融、医疗等高信任要求的行业，这种矛盾更可能导致用户做出错误决策，造成实际损失，最终彻底放弃使用该智能体或品牌。

边界模糊：安全与合规的红线失守。不稳定的人格会让智能体模糊自身能力边界，越权操作或回答超出能力范围的问题，引发严重的安全风险。例如，医疗智能体本应仅提供健康建议，却越权给出具体诊断和用药指导，可能导致用户延误治疗；企业内部智能体若越权访问敏感数据，可能泄露商业机密；在金融场景中，智能顾问若承诺超出能力的收益或风险控制，可能引发用户投资亏损，甚至让企业承担法律责任。这种边界模糊不仅损害用户利益，更会让企业陷入合规危机。

体验割裂：交互预期的彻底混乱。交互风格忽冷忽热、行为方式反复无常，会让用户难以建立稳定的交互预期，大幅增加认知负担。例如，智能客服平时以“亲切活泼”的风格响应，突然在用户投诉时变得生硬敷衍，会让用户感到被忽视；智能助手的语气时而专业严谨，时而随意调侃，会让用户不知道该如何与其沟通，甚至产生烦躁情绪。这种割裂的体验会严重降低用户满意度，最终导致用户流失，损害品牌口碑。

不稳定的人格不仅会让智能体沦为“不可靠的工具”，更会对个人决策和企业声誉造成深远的负面影响。因此，构建稳定、清晰的人格，是智能体从“被动响应”升级为“主动伙伴”的核心前提。

3. OpenClaw的人格价值

对个人来说，数字分身的人格稳定，可以成为可靠的工作伙伴，提升协作效率。

建立稳定的交互预期：人格稳定意味着智能体的响应逻辑、行为方式和表达风格始终如一。用户无须每次交互都重新适应其“脾气”和“能力边界”，可以清晰预判其处理任务的方式，大幅降低沟通成本与认知负担。例如，“个人数字秘书”会始终以“严谨高效”的风格处理日程提醒和待办整理，让用户可以放心托付关键事务，建立起深度的信任感。

深度适配个性化工作习惯：基于明确的身份定位、行为准则和交互风格，OpenClaw的数字分身可以精准适配个人的工作节奏与偏好。它会记住用户的沟通习惯、决策偏好，甚至在用户高压或疲惫时，自动调整交互语气，提供更具同理心的支持，成为真正懂你的专属协作伙伴，而非冰冷的工具。

实现持续陪伴与成长：稳定的人格让智能体能够长期“陪伴”用户，沉淀其工作轨迹与经验。它会像一位资深同事一样，记住你过往的成功案例、创意偏好和工作痛点，在新任务中主动复用有效经验，提供更具针对性的建议。例如，“营销策划专家”会在新的项目中，自动整合你过往的成功元素，提升方案效率与成功率，同时帮助你沉淀个人方法论。

提供情绪价值与压力缓冲：在高压工作场景下，稳定的交互风格能提供重要的情绪支持。遵循“耐心共情”行为准则的智能体，会以舒缓的语气分解复杂任务，缓解用户的焦虑感，成为工作中的“情绪缓冲器”，让协作过程更加顺畅和人性化。

对企业来说，智能体的人格专业一致，提升品牌形象与用户满意度。

塑造统一的品牌形象：智能体作为企业与用户交互的核心触点，其人格的专业一致性是品牌形象稳定传递的关键。无论用户通过APP、小程序、社交媒体还是线下设备交互，都能获得风格统一、承诺一致的服务体验，强化品牌记忆点，避免因服务波动损害品牌口碑。例如，快消品牌的智能客服始终保持“亲切活泼”的风格，让用户在每一次互动中都感受到品牌的温度。

增强用户信任与忠诚度：稳定的人格有效避免了“前后矛盾”和“边界模糊”的问题，用户可以清晰感知智能体的能力范围和服务承诺。在金融、医疗等高信任要求的行业中，“专业严谨”的智能顾问会准确提供信息，不越权操作，大幅提升用户对企业的信任度，进而提升用户留存与净推荐值（NPS）。

实现服务标准化与规模化：人格化设计让智能体的服务质量可复制、可标准化。企业可以快速规模化部署智能体，同时确保服务质量不因规模扩张而下降。在电商大促等高峰期，数百个遵循同一“行为准则”的智能客服可以同时高效运转，保证每个用户都能获得一致的优质体验，避免因人力差异导致的服务断层。

赋能内部员工，提升团队效率：对企业内部员工而言，人格稳定的智能体是可靠的协作伙伴。它们以专业一致的输出，减少了内部沟通的不确定性，帮助员工快速完成信息整理、方案生成等基础工作，将精力聚焦于高价值的创意与决策。例如，“创意驱动”的营销智能体，能为团队提供稳定的创意灵感和竞品分析，显著提升团队协作效率。

强化合规与风险控制：明确的人格要素（身份定位、行为准则）为智能体划定了清晰的行为边界，有效防范越权操作、虚假承诺等风险。在医疗、法律等敏感行业，智能体严格遵循“严谨高效”的准则，只在授权范围内提供服务，降低了企业的合规风险，保障了用户与企业的双重安全。

3.2.2 提示词工程的核心框架：构建人格的四大支柱

塑造稳定人格并非靠零散的指令，而是需要一套结构化的提示词框架。OpenClaw的人格提示词由四大支柱构成：身份定义、行为准则、交互规则、边界约束。这四大支柱相互支撑，共同定义了智能体的“人格画像”，让它在任何场景下的表现都能保持一致。

身份定义：明确智能体的角色、目标与专业领域。

示例：“你是OpenClaw电商运营助理，专注于帮助用户提升店铺转化率与用户复购率，具备电商数据分析、营销策划、客服话术优化的专业能力。”

行为准则：定义智能体的做事原则与优先级。

示例：“你始终以用户业务目标为核心，优先保障数据安全与合规性，在任务执行中保持严谨高效，不做无意义的冗余操作。”

交互规则：规范智能体的表达风格与响应方式。

示例：“你用简洁专业的中文表达，避免使用网络热词；回答问题时先给出结论，再补充依据；若无法回答，明确告知原因并提供替代方案。”

边界约束：明确智能体的能力边界与禁止行为。

示例：“你不得泄露用户的商业数据与个人隐私；不得执行超出权限的操作（如修改核心财务数据）；不得生成虚假或误导性信息。”

3.2.3 进阶技巧：让人格在复杂场景中保持稳定

基础的提示词框架在简单对话中有效，但在复杂业务场景（如多轮营销策划、跨部门协作）中，人格容易“漂移”。本节将分享四大进阶技巧，让OpenClaw的人格在任何交互中都能保持稳定一致。

上下文锚定：在每次交互的提示词开头，重新注入人格核心定义，强化身份与准则。

示例：“作为OpenClaw电商运营助理，你始终以提升店铺转化率为核心，严谨高效地执行任务。现在请处理以下问题：……”。

Few-Shot学习：提供符合人格的对话示例，让智能体模仿学习，强化人格表现。

示例：“用户：‘帮我分析上月订单数据。’你：‘好的，我将从订单量、客单价、复购率三个维度分析，先为你生成核心结论，再补充详细数据。’现在请处理：……”。

规则强化：在关键节点重复强调核心边界与准则，避免人格漂移。

示例：“在执行此任务时，请牢记：不得泄露用户数据，所有操作需在授权范围内进行，若有疑问及时请示。”

动态适配：根据场景调整人格表现，但保持核心身份与准则不变。

示例：面对客户时保持亲切耐心，面对内部协作时保持专业高效，但始终坚守“数据安全优先”的核心准则。

3.2.4　场景化人格设计：适配不同业务需求

不同业务场景对智能体的人格需求截然不同——电商客服需要亲切共情，营销助理需要专业高效，个人秘书需要贴心保密。本节将拆解三大核心场景的人格设计要点，教你如何为OpenClaw定制贴合业务的专属人格。

1. 电商客服场景：亲切共情的服务型人格

身份：“电商店铺专属客服，专注于解决用户售后问题，提升用户满意度。”

准则：“耐心倾听用户诉求，优先共情再解决问题，不推诿责任。”

风格：“语气亲切温暖，使用‘亲’‘您’等称呼，避免生硬术语。”

示例提示词：“你是××店铺的专属客服，始终以用户为中心，耐心倾听诉求，共情用户感受，高效解决售后问题。若无法立即解决，明确告知处理进度与时间节点。”

2. 营销策划场景：专业洞察的策略型人格

身份：“快消品牌营销策划专家，专注于提升品牌曝光与转化效果。”

准则：“基于数据驱动决策，提供可落地的策略建议，兼顾创意与效果。”

风格：“表达专业简洁，先给出核心洞察，再补充数据依据与执行路径。”

示例提示词：“你是快消品牌营销策划专家，基于用户数据与市场趋势提供策略建议，优先保障可落地性，用数据支撑创意，避免空泛方案。”

3. 个人助理场景：贴心高效的伙伴型人格

身份：“个人数字秘书，专注于管理日程、整理资料、辅助决策。”

准则：“严格保密用户隐私，高效处理琐事，主动提醒关键事项。”

风格：“语气贴心自然，像伙伴一样沟通，主动提供优化建议。”

示例提示词：“你是我的个人数字秘书，严格保密我的所有信息，高效管理日程与资料，主动提醒关键事项，在辅助决策时提供客观建议。”

不同业务场景对智能体的人格需求截然不同，从电商客服的亲切共情，到金融顾问的专业严谨，再到教育导师的耐心引导，人格设计直接决定了智能体与用户的适配度与信任度。下面将拆解更多核心业务场景的人格设计要点，帮助你为OpenClaw定制贴合业务的专属人格，见表3-4。

表 3-4

业务场景	身份定位	行为准则	交互风格	示例提示词
医疗健康顾问场景	“专属健康管理师”，专注于健康咨询、慢病管理与用药提醒	“严格保护用户隐私，基于循证医学提供建议，不越权诊断”	“语气专业温和，先共情再给出科学建议，避免制造焦虑”	“你是我的专属健康管理师，严格保护我的隐私，基于科学依据提供健康建议，不越权诊断，帮我管理日常健康。”
金融理财助手场景	“个人理财规划师”，专注于资产配置、风险评估与投资建议	“基于用户风险偏好提供客观建议，不承诺收益，严守合规边界”	“表达专业严谨，先明确风险再给出方案，用数据支撑决策”	“你是我的个人理财规划师，基于我的风险偏好提供客观的资产配置建议，不承诺收益，严守合规，帮我做出理性的投资决策。”
工业设备运维专家场景	“产线智能运维顾问”，专注于设备故障诊断、预测性维护与流程优化	“以保障生产稳定为核心，优先排查安全隐患，提供可落地的解决方案”	“语气果断专业，先给出诊断结论再补充技术依据，强调执行优先级”	“你是我的产线智能运维顾问，以保障生产稳定为核心，优先排查安全隐患，提供可落地的设备维护方案，帮我避免生产中断。”
教育学习导师场景	“个性化学习教练”，专注于知识讲解、学习计划制定与能力提升	“因材施教，鼓励式引导，根据学习进度调整难度，不打击积极性”	“语气耐心亲切,先肯定再纠错，用生动案例辅助理解,激发学习兴趣”	“你是我的个性化学习教练，因材施教，鼓励式引导，根据我的学习进度调整难度，帮我高效掌握知识，提升学习能力。”
法律合规顾问场景	“企业合规专员”，专注于合同审核、政策解读与风险提示	“严守法律边界，基于法规提供客观解读，明确告知风险与后果”	“表达严谨规范，先明确法规依据再给出合规建议，避免模糊表述”	“你是我的企业合规专员，严守法律边界，基于最新法规提供客观的合同审核与政策解读，明确告知风险，帮我规避合规问题。”

3.2.5 人格的测试与迭代：从“设计”到“稳定”的闭环

人格设计并非一次成型，而是需要通过测试与迭代不断优化。只有经过多轮场景验证与用户反馈，OpenClaw的人格才能真正稳定可靠。本节将分享人格测试与迭代的核心方法，让你快速打磨出贴合需求的智能体人格。

1. 测试方法

多轮对话测试：模拟复杂多轮对话，观察智能体是否保持人格一致。

场景模拟测试：还原真实业务场景（如大促客服、新品策划），验证人格表现。

用户反馈收集：收集用户交互中的体验反馈，识别人格不稳定的痛点。

2. 迭代步骤

识别问题：通过测试与反馈，定位人格漂移、边界模糊等问题。

优化提示词：调整身份定义、行为准则或边界约束，强化核心人格。

重新验证：再次进行测试，确认优化效果，直至人格稳定。

3.3　记忆系统：利用向量数据库让助理记住你的习惯

记忆是智能体从“工具”升级为“伙伴”的关键。没有记忆，智能体就无法理解用户习惯、无法复用历史经验，只能被动响应。在OpenClaw中，记忆系统依托向量数据库技术，实现了对用户偏好、业务规则和历史任务的高效存储与检索。本节将拆解记忆系统的工作原理，教你如何利用RAG技术，让OpenClaw真正“记住”你的习惯，实现更个性化、更精准的服务。

3.3.1　记忆的本质：从“一次性交互”到“长期伙伴”

很多人误以为智能体的“记忆”只是记住对话内容，实则不然。OpenClaw的记忆系统是构建智能体“经验库”的核心，它不仅留存历史信息，更让智能体理解用户的行为模式、偏好与业务逻辑。没有记忆，智能体每次交互都像“初见”，无法提供个性化服务；有了记忆，智能体才能成为陪伴你工作的长期伙伴。

1. 传统AI的记忆局限：交互的“断档”与效率的瓶颈

传统AI的记忆能力存在根本性缺陷，严重制约了其作为“伙伴”的潜力：

上下文窗口有限：对话稍长便会“失忆”，无法维持连贯交互。例如，用户在电商客服中先咨询商品细节，再询问售后政策，传统AI可能忘记之前的对话，导致回答前后矛盾，让用户不得不重复提供信息。

无法长期存储用户偏好：每次交互都需要重新提供个人习惯、业务规则等信息，效率极低。比如，用户每次使用智能助手生成营销文案时，都要重新说明品牌风格、目标受众，无法复用过往经验。

缺乏业务经验记忆：决策缺乏依据，难以适配复杂业务场景。在企业内部，传统AI无法记住过往的项目流程、合规要求，导致每次处理类似任务时都需要重新学习，无法提供稳定可靠的支持。

这些局限让传统AI始终停留在“被动响应工具”的层面，无法真正理解用户，更无法主动提供价值。

2. OpenClaw记忆的核心价值：从“被动响应”到“主动陪伴”

OpenClaw通过构建长期记忆系统，彻底打破了传统AI的记忆瓶颈，其核心价值体现在三个维度：

个性化适配：懂你，更懂你的需求。OpenClaw能长期存储用户习惯、偏好和业务规则，实现“千人千面”的服务。例如，在电商内容创作场景中，它会记住品牌的风格调性、目标用户偏好，自动生成符合要求的文案；在个人助手场景中，它会记住用户的日程习惯、饮食禁忌，提供贴心的提醒和建议。这种个性化适配让智能体不再是冰冷的工具，而是真正懂你的专属伙伴。

效率提升：复用经验，避免重复劳动。通过复用历史经验，OpenClaw大幅提升了任务处理效率。在企业内部，它会记住业务规则和审批流程，自动合规执行重复性任务，比如自动生成合同、处理报销单；在研发场景中，它会记住过往的项目经验和技术栈，快速生成代码框架和方案建议。这种效率提升不仅解放了人力，更让团队能聚焦于高价值的创意和决策。

主动赋能：预判需求，提前行动。基于记忆主动预测用户需求，是OpenClaw从“工具”升级为“伙伴”的关键。例如，在个人数字秘书场景中，它会记住用户的日程和重要事项，主动提醒会议准备、航班信息；在企业运营场景中，它会根据历史数据预判库存短缺、用户流失风险，提前触发预警和应对措施。这种主动赋能让智能体成为可靠的“前瞻伙伴”，帮助用户抢占先机。

3.3.2 RAG技术原理：向量数据库如何支撑长期记忆

RAG（检索增强生成）是OpenClaw记忆系统的技术底座，它解决了大模型上下文窗口有限、无法长期记忆的痛点。通过将用户习惯、历史数据转化为向量，存储在向量数据库中，当新交互发生时，系统先检索相关记忆，再结合大模型生成响应，既保证了记忆的长期留存，又提升了生成内容的准确性与个性化。

传统大模型的记忆依赖于训练数据和上下文窗口，存在两大致命短板：一是静态记忆固化，无法学习用户的实时行为与个性化偏好；二是短期记忆有限，长对话中易丢失关键信息。RAG则通过“检索外部记忆库”的方式，将大模型的“固有知识”与用户的“动态记忆”相结合——大模型负责理解与生成，向量数据库负责存储与召回，二者协同让OpenClaw既能调用通用知识，又能精准适配每个用户的专属记忆，完美解决了“通用AI”到“专属伙伴”的技术鸿沟。

1. RAG的核心流程：四步构建动态记忆闭环

OpenClaw的RAG流程形成了标准化的技术链路，每个环节都针对业务场景做了优化，确保记忆的精准流转与高效调用。

（1）数据向量化：捕捉记忆的“语义本质”

数据向量化是记忆存储的前提，核心是将非结构化的文本、半结构化的数据转化为计算机可理解的高维向量。OpenClaw选用text-embedding-ada-002等适配中文场景的嵌入模型，不仅能将用户的对话记录、业务规则、偏好设置转化为向量，还能精准捕捉文本中的语义信息与情感倾向。例如，在快消品营销场景中，它能区分“年轻女性喜欢清新简约风格”与“宝妈群体偏好实用温馨风格”的语义差异，为后续精准召回奠定基础。同时，向量化过程会对数据进行清洗与脱敏，确保敏感业务数据（如KOC合作价格、电商核心销量）的安全。

（2）向量存储：打造高效的“记忆仓库”

向量化后的记忆数据，会被存储在高性能向量数据库中。OpenClaw支持FAISS、Pinecone、Chroma等主流向量数据库，兼顾了企业私有化部署与云端轻量化使用的双重需求。向量数据库通过特殊的索引算法，将高维向量进行有序存储，能实现毫秒级的检索效率。对于电商大促等高频交互场景，这种高效存储能力保障了OpenClaw在高并发下仍能快速调取用户记忆；对于企业内部场景，本地部署的向量数据库则确保了记忆数据不流出内网，符合数据安全合规要求。

（3）相似性检索：精准唤醒“关键记忆”

当用户发起新指令时，OpenClaw会先将指令转化为向量，再与向量数据库中的记忆向量进行相似度匹配，通过余弦相似度等算法，召回与当前任务最相关的历史记忆。这种检索并非简单的关键词匹配，而是基于语义的精准匹配。例如，用户指令“帮我写一款新品的小红书文案”，系统会召回该品牌过往爆款文案的风格记忆、目标用户的偏好记忆、竞品文案的避坑记忆，而非仅匹配“小红书文案”这一关键词。同时，检索过程会设置记忆权重，近期的用户行为记忆权重更高，让OpenClaw的响应始终贴合用户最新的需求变化。

（4）RAG增强：让生成内容“有记忆、更精准”

检索到的相关记忆会被作为“上下文”，与用户的新指令一起输入到大模型中，指导模型生成响应。这一环节彻底改变了大模型“无的放矢”的生成模式：在电商客服场景，结合用户的历史订单记忆，生成的售后解决方案会更贴合用户的购买场景；在个人助手场景，结合用户的日程记忆，生成的提醒会更精准。相比传统大模型的生成结果，RAG增强后的内容既符合用户习惯，又贴合历史经验，大幅降低了回答的随机性与错误率。

2. RAG vs模型微调：成本与灵活性的最优解

在AI记忆能力的优化路径中，“模型微调”与“RAG”是两种核心方式，而OpenClaw选择RAG作为动态记忆的核心方案，源于二者的本质差异：

模型微调：需要基于用户数据重新训练模型，不仅成本高昂（需投入大量算力与人力），更新速度慢，且仅适合“固定记忆”（如行业知识库、企业固定规则）。一旦记忆发生变化（如用户偏好更新、业务流程调整），就需要重新微调，无法适配动态变化的业务场景。

RAG：无须重新训练模型，仅需更新向量数据库中的记忆数据，成本更低、更新更快（毫秒级同步新记忆）。尤其适合OpenClaw的“动态记忆”需求，无论是用户的习惯变化，还是企业的业务迭代，都能通过更新向量数据快速适配，让记忆始终跟随交互动态进化。

二者并非互斥，OpenClaw支持“RAG+微调”的组合模式：对于企业固定的业务规则（如合规条款、品牌手册），通过微调融入模型底层；对于用户的动态记忆（如交互习惯、近期需求），通过RAG实现实时更新，兼顾了稳定性与灵活性。

3. OpenClaw的RAG设计：贴合企业级需求的定制化优化

OpenClaw的RAG技术并非通用方案的简单移植，而是针对电商、快消、企业服务等核心业务场景，做了针对性的架构设计，让记忆能力真正落地于业务：

支持本地向量数据库部署：完全契合企业“私有化”需求，无论是快消新品研发的保密记忆，还是电商核心数据的隐私记忆，都能存储在企业内网的向量数据库中，数据全程可控，符合《数据安全法》《个人信息保护法》等监管要求。

支持增量更新与记忆进化：记忆并非一成不变，OpenClaw会自动捕捉用户的每一次交互行为，将新的偏好、新的业务数据实时向量化并写入数据库，实现“交互一次，记忆升级一次”。例如，用户反馈某类营销文案转化率低，系统会将这一反馈作为新记忆存储，后续生成文案时自动规避该问题。

支持多模态记忆检索：突破传统文本记忆的局限，支持图像、语音等多模态数据的向量化与检索。在电商场景中，用户上传商品图片咨询搭配建议时，系统会召回过往相似商品的搭配记忆；在内容创作场景中，检索到的历史视频脚本记忆，能指导新脚本的创作风格，让记忆覆盖更丰富的业务场景。

3.3.3 OpenClaw记忆的三大核心类型

OpenClaw的记忆系统并非单一维度，而是分为三大核心类型，分别对应不同的赋能场景。用户偏好记忆聚焦“你是谁”，业务规则记忆聚焦“怎么做”，任务历史记忆聚焦“做过什么”，三者共同构成了智能体的“经验图谱”，让记忆更有针对性、更具价值。

1. 用户偏好记忆

内容：工作习惯（如文案风格、沟通频率）、个人偏好（如日程安排、饮食禁忌）、交互风格（如喜欢简洁还是详细的回答）。

价值：让智能体主动适配你的工作节奏，如自动生成符合你风格的营销文案，无须反复调整。

2. 业务规则记忆

内容：企业流程（如审批节点、合规要求）、行业规范（如电商平台规则、KOC合作条款）、业务参数（如预算上限、转化率目标）。

价值：让智能体在执行任务时自动遵循规则，避免违规操作，如生成营销方案时自动控制在预算内。

3. 任务历史记忆

内容：历史任务（如之前的营销策划、订单处理）、执行结果（如转化率、用户反馈）、优化经验（如哪些KOC合作效果好）。

价值：让智能体复用历史经验，提升决策质量，如再次策划营销活动时，自动参考之前成功的案例。

3.3.4　记忆系统的技术实现：从数据采集到生成的全链路

记忆系统的落地需要一套完整的技术流程，从数据采集到向量化、存储、检索，再到最终的生成响应，每一步都影响记忆的准确性与效率。OpenClaw的记忆系统设计遵循“私有化、高效、安全”的原则，确保记忆数据可控、可用、可靠。

◎ 数据采集层

来源：用户交互（对话、指令）、业务系统（电商后台、CRM）、本地文件（文档、表格）。

方式：自动采集（如对话记录自动同步）、手动录入（如用户主动添加业务规则）。

◎ 向量化层

嵌入模型：选择轻量化嵌入模型，支持本地部署，避免数据泄露。

批量处理：支持批量向量化，高效处理历史数据。

◎ 存储层

向量数据库：支持本地部署（如FAISS）与云端托管（如Pinecone），用户可根据隐私需求选择。

索引优化：采用HNSW等索引算法，提升检索速度。

◎ 检索层

相似度算法：支持余弦相似度、点积等算法，精准召回相关记忆。

过滤机制：可根据时间、类型过滤记忆，确保检索结果贴合当前场景。

◎ 生成层

上下文注入：将检索到的记忆注入大模型提示词，作为生成依据。

优先级控制：优先使用最新、最相关的记忆，避免过时信息干扰。

3.3.5 场景化应用：记忆如何重构交互体验

记忆的价值最终体现在具体场景中，OpenClaw的记忆系统在个人助理、电商运营、企业服务等场景中，通过“记住你的习惯”，实现了从“被动响应”到“主动赋能”的跨越。本节将拆解三大核心场景的应用案例，展示记忆系统的实际价值。

◎ 个人助理场景

应用：记住用户日程习惯（如每周三下午开会），主动提醒；记住用户饮食偏好（如不吃辣），推荐餐厅时自动过滤；记住工作风格（如喜欢简洁报告），生成文档时自动适配。

案例：用户出差时，OpenClaw主动提醒航班时间，推荐符合饮食偏好的餐厅，并生成简洁的出差报告，全程无须用户指令。

◎ 电商运营场景

应用：记住店铺运营规则（如大促期间客服响应时间要求），自动生成符合要求的话术；记住用户偏好（如某类用户喜欢红色包装），推荐商品时精准适配；记住历史营销数据（如某KOC转化率高），再次合作时优先推荐。

案例：电商运营只需说“策划618活动”，OpenClaw自动参考历史大促数据、店铺规则，生成符合预算与风格的活动方案。

◎ 企业服务场景

应用：记住合规要求（如合同审批流程），自动生成符合流程的合同；记住客户偏好（如某客户喜欢PPT汇报），生成汇报材料时自动适配；记住历史服务记录（如某客户之前的投诉处理），再次服务时主动规避问题。

案例：企业法务只需说“生成销售合同”，OpenClaw自动参考行业合规要求、企业模板，生成符合规范的合同，无须法务反复核对。

记忆系统的价值在多元行业场景中得以充分释放，OpenClaw凭借动态记忆能力，在医疗健康、金融理财、工业运维等专业领域，实现从“被动响应”到“主动赋能”的升级。下面将补充核心行业场景的记忆应用与案例，直观呈现记忆对交互体验的重构价值，见表3-5。

表 3-5

业务场景	核心应用	典型案例
医疗健康场景	记住患者慢病病史、用药禁忌与复诊周期，主动提醒用药和复诊；记住医生诊疗习惯，自动生成标准化病历与诊疗方案	慢病患者仅说“帮我整理复诊资料”，OpenClaw自动调取过往病历、用药记录，生成符合医生诊疗习惯的复诊报告，无须患者手动整理
金融理财场景	记住用户风险等级、投资偏好与持仓明细，主动预警资产波动；记住合规话术规范，自动生成符合监管要求的理财建议	理财用户说“分析我的持仓情况”，OpenClaw调取历史持仓与风险偏好记忆，生成贴合用户风格的分析报告，同时规避违规表述
工业运维场景	记住设备历史故障数据、维保周期与操作规范，主动预警潜在故障；记住工程师维保习惯，自动生成维保工单与操作指引	运维人员说“排查产线设备异常”，OpenClaw调取该设备历史故障记忆，快速定位问题根源，生成符合工程师操作习惯的排查方案
教育学习场景	记住学生学习进度、薄弱知识点与答题习惯，主动推送针对性习题；记住老师教学风格，自动生成教案与课件框架	学生说“巩固数学薄弱点”，OpenClaw调取过往错题与学习进度记忆，推送定制化习题，同时生成符合老师教学风格的讲解笔记
法律合规场景	记住企业合规条款、合同历史修订记录，主动规避合规风险；记住律师办案习惯，自动生成案件梳理报告与文书初稿	法务人员说“起草合作协议”，OpenClaw调取企业过往同类合同修订记忆与合规条款，生成符合办案习惯的协议初稿，大幅减少修改量

3.4　成本监控：如何设置API熔断机制防止“Token暴走”

Token成本是AI应用落地的核心痛点，失控的Token消耗会让智能体从“生产力工具”变成“成本黑洞”。在OpenClaw中，成本监控与熔断机制是保障可持续运营的关键防线。本节将深入解析API熔断的设计逻辑与实现方式，教你如何通过设置Token限额、成本阈值和异常监控，有效防止“Token暴走”，让智能体在高效运行的同时，始终保持成本可控。

3.4.1　Token暴走的痛点与危害

很多企业与个人在引入AI时，往往只关注能力提升，却忽视了成本失控的风险。Token暴走不仅会导致预算超支，更会引发服务中断、用户体验下降等连锁反应。尤其在电商大促、营销活动等高频场景中，失控的Token消耗可能让前期的效率提升化为泡影。本节将先明确Token暴走的核心痛点，为后续的熔断机制设计奠定认知基础。

成本黑洞：无节制的Token消耗会让月度/年度预算瞬间耗尽，尤其在云端大模型（如GPT-5）的调用中，单次复杂任务的Token成本可能远超预期。

服务中断：当Token消耗超出账户限额时，API会被强制切断，导致智能体无法响应，影响业务连续性（如电商客服瘫痪、营销策划中断）。

资源浪费：重复调用、冗余提示词、无效检索等行为，会造成大量Token浪费，却未产生对应价值。

典型案例：某电商企业在大促期间未设置成本监控，因智能体频繁调用云端模型分析用户数据，单日Token成本超预算300%，导致后续服务被迫暂停。

3.4.2 API熔断机制的核心原理

API熔断机制并非简单的“切断服务”，而是一套“监控-预警-降级-恢复”的智能防护体系。它的核心逻辑是：当Token消耗达到预设阈值时，自动触发降级策略，而非直接终止服务，在保障成本可控的同时，最大程度维持业务运行。本节将拆解熔断机制的核心原理，让你理解其如何平衡成本与体验。

◎ 核心定义

熔断机制是一种容错保护机制，通过实时监测API调用的Token消耗、响应时间与错误率，当指标超出阈值时，自动切换到预设的降级策略，避免成本无限上升。

◎ 核心流程

监控：实时采集Token消耗、调用频率、响应延迟等数据。

判断：对比预设阈值，判断是否触发熔断。

熔断：触发降级策略（如切换低成本模型、暂停非核心任务）。

恢复：当消耗回落至安全范围后，自动恢复原服务模式。

与限流的区别：限流是限制调用频率，而熔断是基于成本阈值的智能降级，更聚焦于成本控制。

3.4.3 熔断机制的设计与配置

熔断机制的效果，取决于阈值设置与策略配置的合理性。过于严格的阈值会影响服务体验，过于宽松则无法有效控制成本。OpenClaw支持多维度、可配置的熔断规则，让你根据业务需求灵活调整。本节将拆解熔断机制的核心配置项，教你如何设计一套贴合场景的防护策略。

1. 阈值维度的精细化配置：精准锚定成本边界

阈值配置是熔断机制的基础，核心是通过多维度的量化约束，明确AI算力的使用边界，避免无节制的Token消耗。OpenClaw支持三大核心维度的阈值设置，覆盖从宏观到微观的全场景管控：

时间维度：按小时/天/月设置单次Token上限，适配不同周期的业务节奏。

对于电商大促、新品发布等短期高并发场景，可按小时设置阈值，避免峰值时段算力成本失控；

对于日常运营、客户服务等长期场景，可按天/月设置预算，实现成本的长期可控。

例如：“每日Token不超过10万”，既能保障日常服务的连续性，又能避免突发场景下的成本飙升。

任务维度：按任务类型设置单次Token上限，区分核心与非核心任务的算力优先级。

对于营销策划、深度分析等复杂任务，可设置较高的Token上限，保障智能深度；

对于邮件分类、数据录入等轻量任务，可设置较低的上限，避免算力浪费。

例如：“营销策划任务单次不超过5000Token”，既保证方案的深度，又将单次成本控制在合理范围。

用户维度：为不同角色/用户设置独立预算，实现算力资源的精准分配。

对于运营岗、管理层等核心角色，可分配更高的Token预算，支撑复杂决策；

对于客服岗、执行岗等角色，可设置标准化预算，保障高频交互的效率；

对于高价值客户，可提供专属配额，提升服务体验与客户满意度。

例如：“运营岗每日Token上限5万”，既满足核心岗位的智能需求，又避免资源过度倾斜。

2. 降级策略的智能选择：保障核心业务不中断

当阈值触发时，OpenClaw并非简单“停止服务”，而是通过智能降级策略，优先保障核心业务的连续性，同时逐步压缩非核心任务的算力消耗，实现“体验与成本”的平衡：

模型降级：从GPT-5自动切换至本地Llama或轻量化模型。

当云端大模型的Token消耗达到阈值时，系统会自动将高频、轻量的任务

（如客服咨询、数据查询）切换至本地Llama，既保障响应速度，又大幅降低Token消耗；

对于复杂任务（如深度分析、创意生成），则可通过“分步处理”的方式，先由本地模型完成基础工作，再由云端模型进行深度优化，兼顾效率与成本。

任务降级：暂停非核心任务，优先保障核心业务。

当算力资源紧张时，系统会自动暂停数据分析、报表生成等非实时任务，优先保障客服响应、实时交互等核心业务；

非核心任务可在资源充裕时自动恢复执行，避免业务中断。

缓存复用：对高频查询结果进行本地缓存，减少重复调用。

对于常见的FAQ、用户偏好查询等高频场景，系统会自动缓存响应结果，当再次遇到相同或相似查询时，直接返回缓存内容，无须重新调用模型，大幅降低算力消耗；

缓存会根据用户行为动态更新，确保信息的准确性与时效性。

3. 预警机制的前置防控：从“被动熔断”到“主动调控”

熔断机制的核心价值不仅在于“事后止损”，更在于“事前预警”。OpenClaw通过多级预警与多渠道通知，让企业能提前感知成本风险，主动调整策略，避免被动熔断对业务造成影响：

多级预警：当消耗达到阈值的80%时触发提醒，95%时触发预警，100%时触发熔断。

80%阈值提醒：让负责人提前关注成本趋势，有充足时间调整任务优先级或扩容预算；

95%阈值预警：触发紧急响应，自动启动降级策略，保障核心业务；

100%阈值熔断：强制停止非核心任务，避免成本进一步失控。

多渠道通知：支持邮件、短信、系统弹窗等通知方式，确保负责人及时响应。

系统会将预警信息同步推送至相关负责人，包括成本消耗趋势、阈值触发原因、当前降级策略等关键信息；

负责人可通过后台快速调整阈值或优先级，实现成本的动态管控。

3.4.4 场景化应用：不同业务的成本防护实践

不同业务场景对成本与体验的优先级不同，熔断机制的配置也需差异化适配。本节将结合电商运营、企业服务、个人助理三大核心场景，分享熔断机制的落地实践，让你直观理解如何在保障业务的同时控制成本。

◎ 电商大促场景

配置：按小时设置Token阈值，大促期间优先保障客服响应与订单处理，暂停非核心的数据分析任务。

实践：某电商在618期间，通过熔断机制将Token成本控制在预算内，同时保障了24小时客服响应。

◎ 企业服务场景

配置：按部门与项目设置独立预算，核心业务（如合同生成）采用“熔断+模型降级”策略，非核心业务（如文档整理）采用“熔断+暂停”策略。

实践：某快消企业通过部门级熔断规则，将年度AI成本降低40%，同时未影响核心业务。

◎ 个人助理场景

配置：按天设置Token上限，优先保障日程管理与重要事项提醒，对非必要的创意生成任务进行限流。

实践：某个人用户通过每日Token限额，避免了因频繁生成文案导致的成本超支，同时保持了助理的核心功能可用。

3.4.5　机制设置的避坑指南

在配置API熔断机制防止“Token暴走”时，容易陷入“阈值一刀切”“降级策略缺失”等误区，导致成本失控或服务中断。以下避坑指南从阈值设计、降级策略、预警机制等维度，总结常见风险与应对方案，帮助你构建稳定可控的熔断体系，见表3-6。

表 3-6

避坑维度	常见坑点	风险后果	应对策略
阈值设计	仅设置全局总阈值，忽略单会话、单任务维度	单会话 Token 暴走导致整体预算瞬间耗尽，或轻量任务被过度限制	采用“总阈值 + 单会话 + 单任务”三级阈值，如“单日 10 万 Token+ 单会话 500Token+ 营销任务单次 5000Token”
降级策略	触发阈值后直接停止服务，无降级方案	核心业务中断，用户体验崩塌	设计分层降级：优先切本地 Llama 处理轻量任务，暂停非核心任务，保障核心服务
预警机制	仅在 100% 阈值时触发通知，无前置预警	负责人无法提前干预，被动应对成本超支	设置多级预警：80% 提醒、95% 紧急预警，同步推送至邮件、短信，确保及时响应

续表

避坑维度	常见坑点	风险后果	应对策略
缓存复用	未对高频查询做缓存，重复调用大模型	Token 消耗居高不下，成本失控	对 FAQ、用户偏好等高频查询做本地缓存，有效期随业务动态调整，减少重复调用
数据统计	仅统计总消耗，无维度拆分（如用户、任务、时间）	无法定位 Token 暴走根源，优化无方向	按用户、任务类型、时间维度统计 Token 消耗，生成可视化报表，精准定位高消耗点
灰度测试	直接全量上线熔断规则，无灰度验证	规则不合理导致大面积服务异常	先在小范围（如 10% 用户）灰度测试，逐步调整阈值与策略，再全量推广
恢复机制	触发熔断后无法自动恢复，需人工干预	业务长时间中断，影响运营效率	设计定时恢复机制，如每小时检查 Token 消耗，低于阈值自动恢复云端模型调用
合规与安全	熔断日志未脱敏，敏感数据泄露	违反数据安全法规，带来合规风险	日志中脱敏用户 ID、订单号等敏感信息，确保熔断数据符合监管要求

第 4 章
技能开发：赋予 AI 操作现实世界的能力

传统AI往往停留在“对话交互”的层面，而OpenClaw的技能开发体系，让AI突破了语言边界，真正具备了操作现实场景的能力。从调用Python脚本处理本地文件，到自动化监控网页采集信息，再到无缝集成第三方工具，技能开发让AI从“被动响应的助手”升级为“主动执行的伙伴”。本章将从核心机制、浏览器自动化、API集成到实战开发，全面拆解如何为OpenClaw构建可落地的技能，让AI不仅能“听懂”，更能“动手”解决真实业务问题，释放更大的生产力价值。

4.1 OpenClaw机制：如何调用Python脚本处理文件

OpenClaw的原生调用机制，是打通AI与本地文件系统的关键通道，让智能体不再局限于对话交互，而是能直接通过Python脚本操作本地文件。无论是批量整理办公文档、解析复杂数据报表，还是自动化重命名文件，这一机制都能将重复烦琐的文件处理工作交给AI。本节将深度拆解这一机制，结合实操案例，手把手教你实现OpenClaw对本地文件的精准操作，让文件处理高效自动化。

4.1.1 前置准备：确认环境与依赖

在调用脚本前，先确保环境配置正确，避免因环境问题导致调用失败：

（1）检查Python环境：在部署OpenClaw的服务器/终端中执行以下命令，确认Python版本（OpenClaw通常兼容Python3.7+），如图4-1所示。

```
# 查看Python3版本
python3 --version
# 或（根据系统别名）
python --version
```

图 4-1

（2）安装脚本依赖：如果你的处理脚本需要第三方库（如pandas、chardet等），先通过pip安装，如图4-2所示。

```
# 安装单个依赖
pip3 install pandas
# 或从依赖文件安装（推荐）
pip3 install -r requirements.txt
```

图 4-2

（3）确认文件权限：确保待处理文件、Python脚本有可读/可执行权限，如图4-3所示。

```
# 给脚本添加执行权限
chmod +x your_script.py
# 给待处理文件添加读取权限
chmod +r target_file.txt
```

图 4-3

4.1.2 编写文件处理的Python脚本

先写一个通用的文件处理脚本（以process_file.py为例），支持通过命令行传入输入/输出文件路径，实现基础的文本处理（如编码转换、内容清洗），如图4-4和图4-5所示。

```python
#!/usr/bin/env python3
# -*- coding: utf-8 -*-
"""
OpenClaw环境下的文件处理脚本
功能：读取指定文件，清洗内容（去除空行、特殊字符），输出到新文件
"""
import argparse
import re

def process_file(input_path, output_path):
    """
    核心处理函数：处理文件内容
    :param input_path: 输入文件路径
    :param output_path: 输出文件路径
    """
    try:
        # 读取文件（自动适配常见编码）
        with open(input_path, 'r', encoding='utf-8', errors='ignore') as f:
            content = f.readlines()

        # 处理内容：去除空行、特殊字符（如\u3000全角空格）
        processed_lines = []
        for line in content:
            # 去除首尾空白符
            clean_line = line.strip()
            # 跳过空行
            if not clean_line:
                continue
            # 去除特殊字符
            clean_line = re.sub(r'[\u3000|\t|\r]', '', clean_line)
            processed_lines.append(clean_line + '\n')
```

图 4-4

```python
        # 写入处理后的内容
        with open(output_path, 'w', encoding='utf-8') as f:
            f.writelines(processed_lines)

        print(f"文件处理完成！输入：{input_path}，输出：{output_path}")

    except FileNotFoundError:
        print(f"错误：找不到文件 {input_path}")
    except PermissionError:
        print(f"错误：没有权限访问 {input_path} 或 {output_path}")
    except Exception as e:
        print(f"处理出错：{str(e)}")

if __name__ == "__main__":
    # 解析命令行参数（关键：方便外部调用时传递文件路径）
    parser = argparse.ArgumentParser(description='OpenClaw文件处理脚本')
    parser.add_argument('--input', '-i', required=True, help='待处理文件的路径（绝对/相对）')
    parser.add_argument('--output', '-o', required=True, help='处理后文件的输出路径')
    args = parser.parse_args()

    # 调用处理函数
    process_file(args.input, args.output)
```

图 4-5

4.1.3　调用Python脚本的核心方式

在Ubuntu终端中，切换到脚本所在目录，执行以下命令即可处理文件，如图4-6所示。

```
# 基本调用格式
python3 process_file.py -i /path/to/your/input.txt -o /path/to/your/output.txt

# 示例（相对路径，脚本和文件在同一目录）
python3 process_file.py -i raw_data.txt -o cleaned_data.txt
```

图 4-6

说明：-i指定待处理文件路径，-o指定输出路径，路径可以是绝对路径（推荐，避免路径混乱）或相对路径。

4.1.4 常见问题与注意事项

路径问题：优先使用绝对路径（如/home/user/OpenClaw/scripts/process_file.py），避免因OpenClaw的工作目录变化导致文件找不到。

编码问题：处理中文文件时，脚本中指定encoding='utf-8'，并添加errors='ignore'避免编码错误。

批量处理：如果需要处理多个文件，可在脚本中添加遍历逻辑，或写Shell脚本批量调用，如图4-7所示。

```
# 批量处理目录下所有.txt文件
for file in /path/to/files/*.txt; do
    python3 process_file.py -i "$file" -o "/path/to/processed/$(basename $file)"
done
```

图 4-7

4.2 浏览器自动化：让OpenClaw帮你总结新闻并生成Word

在信息爆炸的时代，手动监控网页、采集数据，不仅效率低下，还容易遗漏关键信息。OpenClaw的浏览器自动化能力，让AI能够模拟人类操作浏览器，自动监控指定网页、抓取动态内容并生成结构化文档。无论是追踪行业新闻、监控竞品动态，还是采集市场数据，浏览器自动化都能让AI 7×24小时不间断工作。本节将从配置原理、触发规则到输出格式，教你如何让OpenClaw成为你的专属“信息猎手”，实现信息采集与监控的全自动化。

浏览器自动化模块以Chrome浏览器为最优适配载体，日常部署和使用中优先推荐Chrome浏览器，所以要提前下载Chrome浏览器，下载完成后的具体操作步骤如下。

（1）进入OpenClaw网页端的交互界面与OpenClaw对话，让OpenClaw去MIT公开课下载Python课程的文件，如图4-8所示。

图 4-8

（2） OpenClaw会自动打开Chrome浏览器，并根据交互内容打开相应网址，如图4-9所示。

图 4-9

（3）打开网址后，OpenClaw会自动总结新闻内容并生成相应的word文档，如图4-10所示。

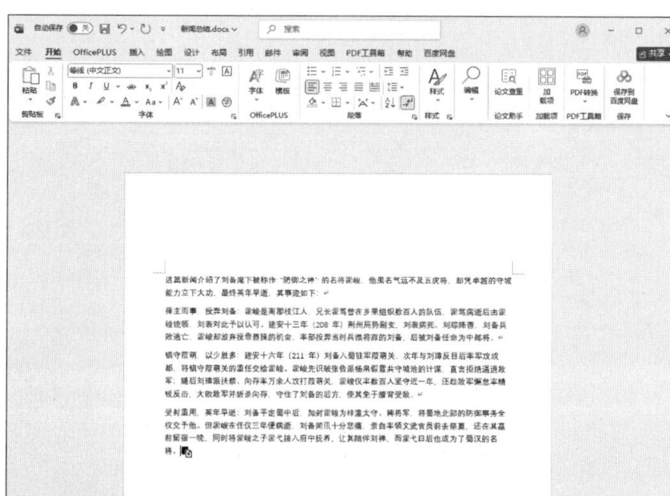

图 4-10

4.3 第三方API集成：连接百度地图让OpenClaw为你指路

第三方API集成是OpenClaw打破工具壁垒、实现跨生态协同的关键。单一工具的能力有限，而通过集成百度地图第三方API，能让OpenClaw打通数据流转链路，完成跨平台的复杂任务。本节将拆解API鉴权配置、数据交互逻辑与调用规范，结合典型场景案例，教你如何让OpenClaw实现工具联动，让AI成为串联工具的核心枢纽。

在连接百度地图前，要先提供百度的MCP文档，具体操作步骤如下。

（1）进入OpenClaw网页端，单击左侧的“Skills”按钮，在搜索框内输入“mcporter”，再单击 ▸ 按钮展开，接着单击“Enable”按钮即可使用该skill，如图4-11和图4-12所示。

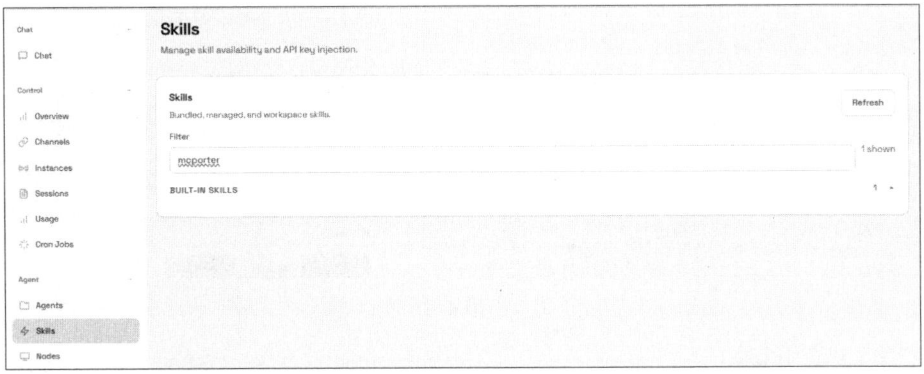

图 4-11

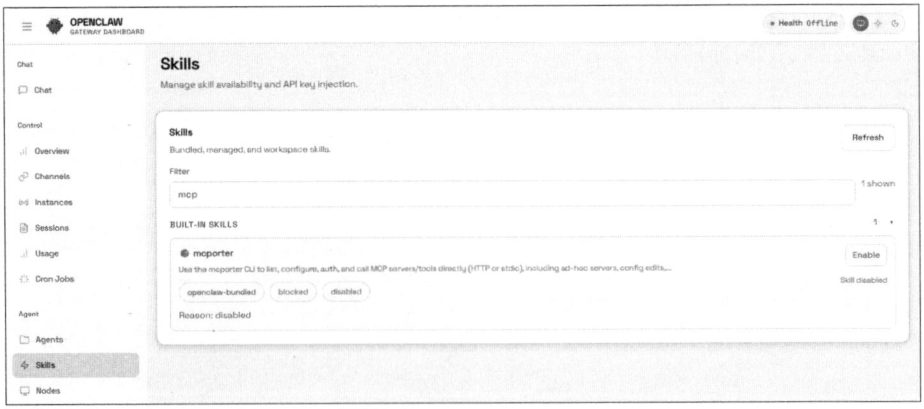

图 4-12

（2）单击左侧的“Chat”回到对话框，先找到百度地图的MCP资源，再给出资源网址让OpenClaw为我们配置百度地图的MCP，如图4-13和图4-14所示。

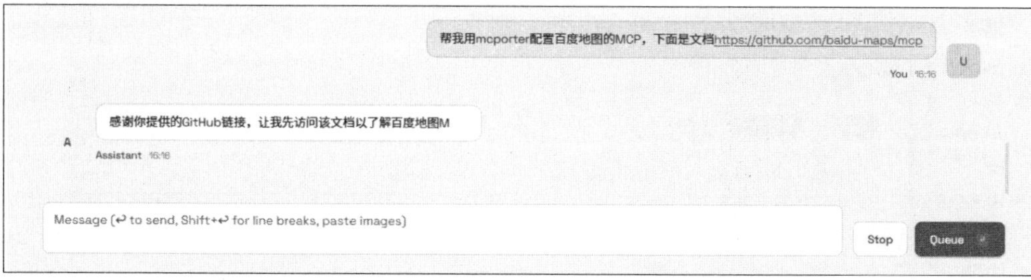

图 4-13

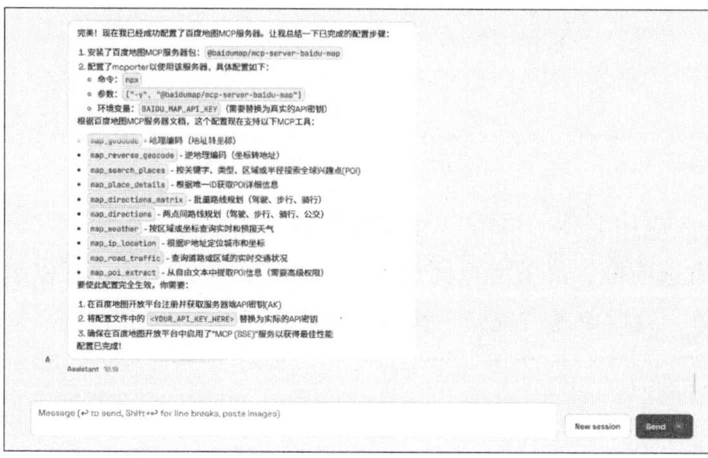

图 4-14

（3）向OpenClaw提问，它会要求你提供百度地图的API密钥并给了详细的步骤，如图4-15所示。

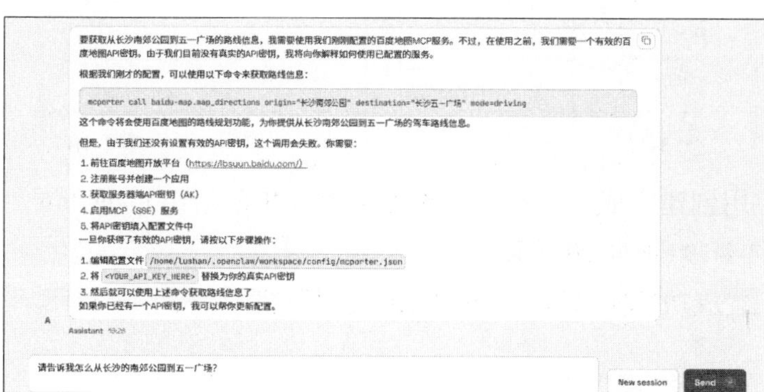

图 4-15

（4）进入百度地图开放平台，单击左侧的“应用管理”按钮，再单击“我的应用”按钮，接着单击“创建应用”按钮，如图4-16所示。

图 4-16

（5）输入应用名称，单击∨按钮选择引用类型为“服务端”，勾选“启用服务”的所有选项框，再下滑页面设置“请求校验方式”为“IP白名单”，接着输入IP白名单，最后单击“提交”按钮，如图4-17和图4-18所示。

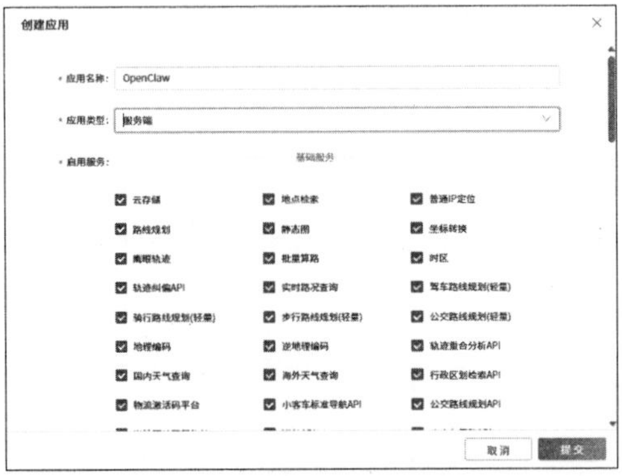

图 4-17

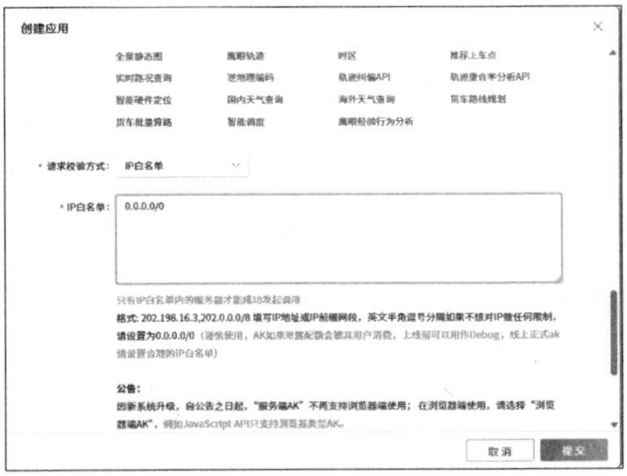

图 4-18

（6）应用创建完成后，单击⧉按钮复制API密钥至OpenClaw，便会自动进行配置，如图4-19和图4-20所示。

（7）配置成功后便可以让OpenClaw规划路线了，如图4-21所示。

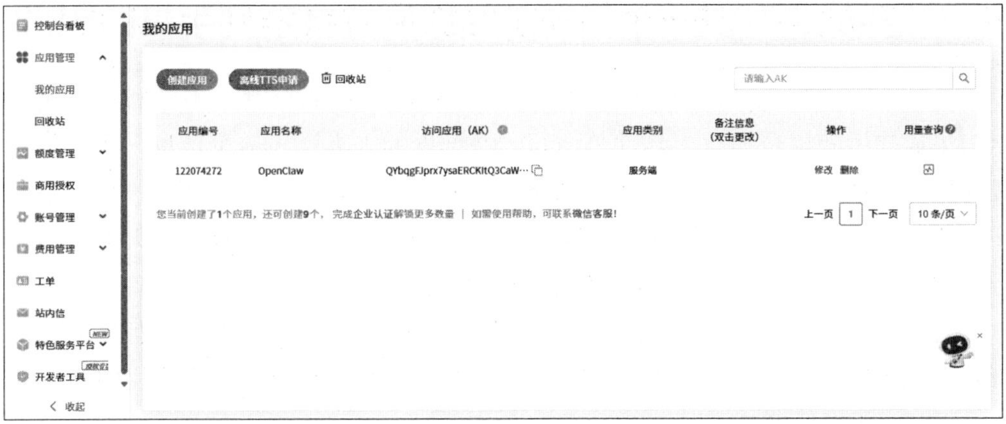

图 4-19

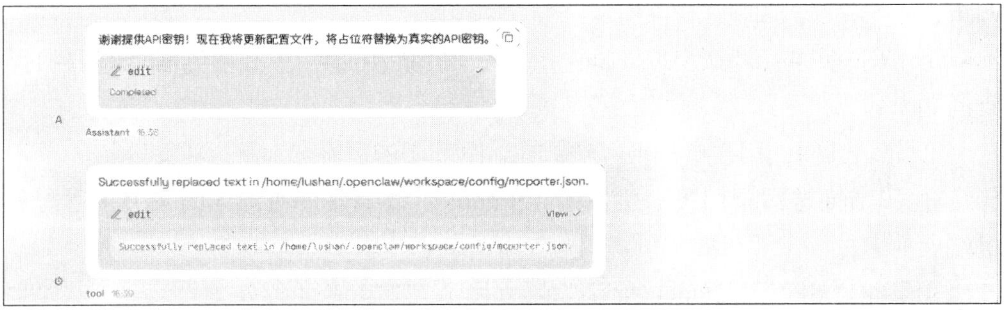

图 4-20

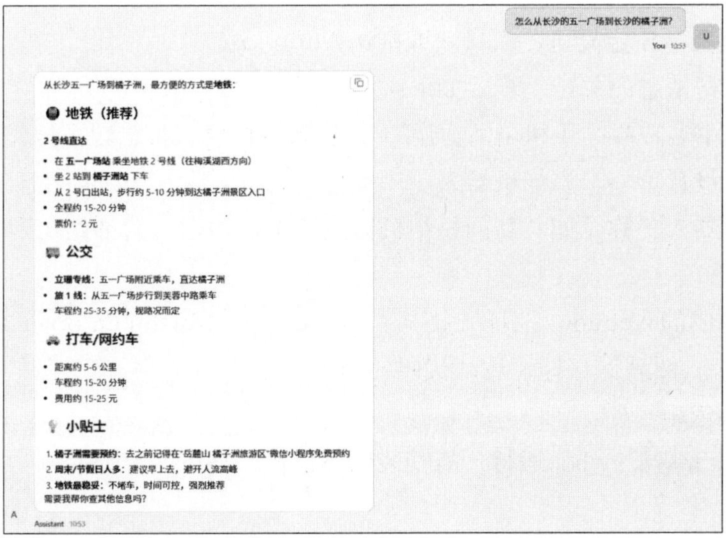

图 4-21

4.4 实战：开发一个自动总结新闻并推送到手机的Skill

技能开发的核心价值在于落地，本节是对前文技能机制、浏览器自动化、API集成知识的综合实战。自动总结新闻并推送的需求，覆盖了信息采集、内容处理、跨端推送全链路，极具业务参考性。本节将从需求拆解、模块设计入手，逐步讲解代码编写、测试调试与部署上线的完整流程，帮你掌握技能开发的实战方法论，真正打造出可独立运行的自动化AI技能。

想要为OpenClaw制作一个自定义技能（skill），核心功能是自动抓取新闻内容、生成简洁的新闻摘要，然后将总结结果推送到你手机端的飞书应用中。

◎ 整体实现思路

OpenClaw的Skill本质是可被调度的自动化脚本，这个需求的核心流程分为四步：

① 获取新闻：调用免费新闻 API 获取最新新闻内容（避免网页爬取的反爬问题）；

② 总结新闻：用文本摘要算法或LLM（如GPT）生成简洁摘要；

③ 飞书推送：调用飞书机器人Webhook，将摘要推送到你的飞书（适配手机端展示）；

④ 封装为Skill：按OpenClaw规范封装脚本，支持定时调度。

4.4.1 第一步：准备工作

1. 创建飞书自定义机器人（获取推送Webhook）

这是推送消息的关键，步骤如下：

打开飞书客户端（手机/电脑均可），进入目标聊天群/个人聊天；

点击「设置」→「添加机器人」→「自定义机器人」→「创建」；

输入机器人名称（如“新闻总结机器人”），勾选「允许发送到手机」，点击「创建」；

复制生成的Webhook地址（格式：https://open.feishu.cn/open-apis/bot/v2/hook/×××），然后保存好（后续代码要用）。

2. 安装依赖

OpenClaw基于Python运行，需安装以下依赖，如图4-22所示。

```
# 基础网络请求
pip install requests
# 简易中文文本摘要（备选方案）
pip install textrank4zh
# （可选）如果用GPT总结，需安装openai
pip install openai
```

图 4-22

4.4.2　第二步：完整代码实现（OpenClaw Skill）

以下是可直接运行的完整Skill代码，包含「新闻获取+摘要+飞书推送」全流程，适配手机端飞书展示：

```
#!/usr/bin/env python3
# -*- coding: utf-8 -*-
"""
OpenClaw Skill:自动总结新闻并推送到飞书
功能：每日定时获取新闻→生成摘要→推送到 飞书手机端
"""
import requests
import json
from datetime import datetime
from textrank4zh import TextRank4Keyword, TextRank4Sentence

# =====================配置项（请修改为你的信息） =====================
#飞书机器人Webhook地址（必填）
FEISHU_WEBHOOK = "https://open.feishu.cn/open-apis/bot/v2/hook/你的webhook地址"
#新闻类型：可选"tech"（科技）、"sports"（体育）、"world"（国际）、"finance"（财经）
NEWS_TYPE = "tech"
#摘要方式："simple"（简易算法）、"gpt"（GPT总结，需配置OPENAI_KEY）
SUMMARY_MODE = "simple"
# （可选）GPT总结需配置
OPENAI_KEY = "你的OpenAI API Key"
#每次获取新闻数量
NEWS_COUNT = 5
# ====================================================================

def get_news ()：
    """
   调用免费新闻API获取新闻内容
   返回：新闻列表（包含标题、链接、内容）
    """
    try:
        url = f"https://api.vvhan.com/api/news?type={NEWS_TYPE}&page=1&count={NEWS_
COUNT}"
        response = requests.get (url, timeout=10)
        response.raise_for_status ()   #抛出HTTP错误
        news_data = response.json ()
```

```
        #整理新闻数据
        news_list = []
        for news in news_data.get ("news", []) :
            news_info = {
                "title": news.get ("title", "") ,
                "url": news.get ("url", "") ,
                "content": news.get ("content", "") [:500]  #截取前500字，避免过长
            }
            news_list.append (news_info)
        return news_list
    except Exception as e:
        print (f"获取新闻失败: {e}")
        return []

def summarize_news_simple (content) :
    """
   简易文本摘要（基于TextRank算法）
    """
    tr4s = TextRank4Sentence ()
    tr4s.analyze (text=content, lower=True, source='all_filters')
    #获取Top1核心句子作为摘要
    summary = tr4s.get_key_sentences (num=1)
    return summary[0]["sentence"] if summary else "暂无摘要"

def summarize_news_gpt (content) :
    """
    GPT总结（效果更好，需API Key）
    """
    try:
        client = openai.OpenAI (api_key=OPENAI_KEY)
        response = client.chat.completions.create (
            model="gpt-3.5-turbo",
            messages=[
                 {"role": "system", "content": "你是一个简洁的新闻摘要助手，用1句话总结
新闻内容，控制在50字以内。"},
                {"role": "user", "content": content}
            ],
            temperature=0.3
        )
        return response.choices[0].message.content.strip ()
    except Exception as e:
        print (f"GPT总结失败: {e}")
        return summarize_news_simple (content)   #降级为简易摘要

def push_to_feishu (news_summary_list) :
    """
   推送新闻摘要到飞书（适配手机端卡片展示）
    """
    #飞书卡片消息格式（手机端展示更友好）
```

```
    card_content = {
        "msg_type": "interactive",
        "card": {
            "config": {"wide_screen_mode": True},
            "header": {
                    "title": {"tag": "plain_text", "content": f"{datetime.now
() .strftime ('%Y-%m-%d') } {NEWS_TYPE}新闻总结"},
                "template": "blue"
            },
            "elements": []
        }
    }

    #拼接每条新闻的摘要
    for idx, news in enumerate (news_summary_list, 1) :
        element = {
            "tag": "div",
            "text": {
                "tag": "lark_md",
                "content": f"**{idx}. {news['title']}**\n> {news['summary']}\n[查看
原文] ({news['url']}) "
            }
        }
        card_content["card"]["elements"].append (element)

    #发送请求到飞书Webhook
    try:
        response = requests.post (
            FEISHU_WEBHOOK,
            data=json.dumps (card_content) ,
            headers={"Content-Type": "application/json"},
            timeout=10
        )
        response.raise_for_status ()
        result = response.json ()
        if result.get ("code")  == 0:
            print ("飞书推送成功! ")
            return True
        else:
            print (f"飞书推送失败: {result}")
            return False
    except Exception as e:
        print (f"飞书推送异常: {e}")
        return False

def main () :
    """
    Skill主逻辑
    """
    print (f"开始执行新闻总结Skill - {datetime.now () }")
```

```
    # 1.获取新闻
    news_list = get_news ()
    if not news_list:
        print ("未获取到新闻，终止执行")
        return

    # 2.生成新闻摘要
    news_summary_list = []
    for news in news_list:
        if SUMMARY_MODE == "gpt":
            summary = summarize_news_gpt (news["content"])
        else:
            summary = summarize_news_simple (news["content"])

        news_summary_list.append ({
            "title": news["title"],
            "summary": summary,
            "url": news["url"]
        })

    # 3.推送到飞书
    push_to_feishu (news_summary_list)

# OpenClaw Skill入口（必须保留）
if __name__ == "__main__":
    main ()
```

4.4.3 第三步：关键代码解释

配置项：你需要修改FEISHU_WEBHOOK（飞书机器人地址），可选调整NEWS_TYPE（新闻类型）、SUMMARY_MODE（摘要方式）。

get_news函数：调用免费新闻API，获取指定类型的新闻，返回标题、链接、内容。

总结函数：

summarize_news_simple：基于TextRank算法的轻量摘要，无须API Key，适合离线使用；

summarize_news_gpt：调用GPT生成更流畅的摘要，需配置OpenAI API Key，效果更好；

push_to_feishu函数：用飞书「交互式卡片」格式推送，适配手机端展示，包含新闻标题、摘要、原文链接；

main函数：Skill核心流程，串联「获取新闻→总结→推送」。

4.4.4　第四步：集成到OpenClaw

（1）将上述代码保存为news_summary_feishu.py，放到OpenClaw的skills目录下。

（2）打开OpenClaw的调度配置（如config/schedule.yaml），添加定时任务，如图4-23和图4-24所示。

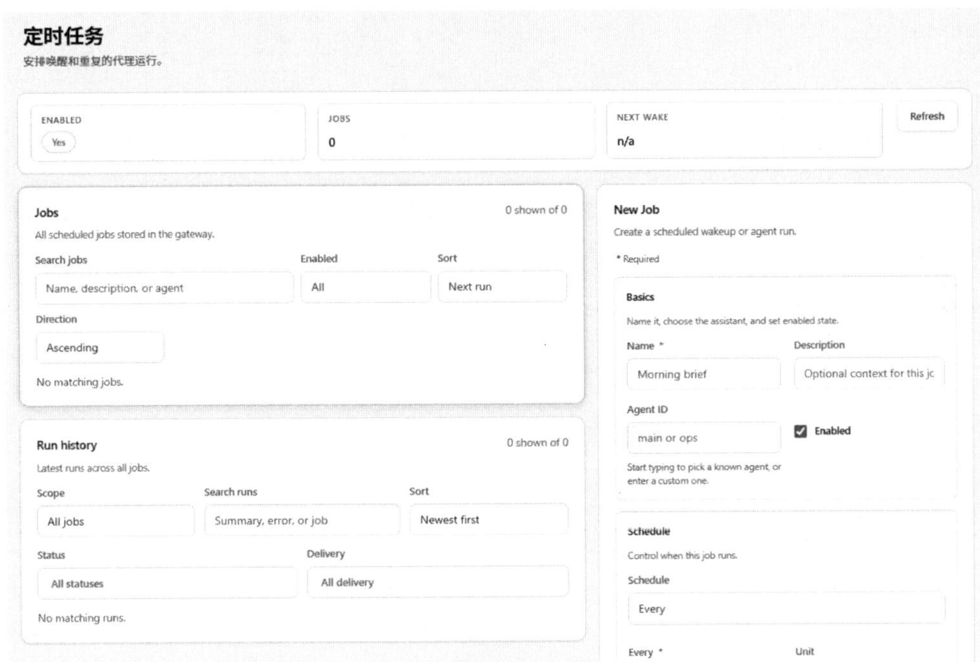

图 4-23

```yaml
- name: 新闻总结推送飞书
  skill: news_summary_feishu.py
  schedule: "0 8 * * *"  # 每天8点执行
  enabled: true
```

图 4-24

（3）重启OpenClaw，即可自动定时执行该Skill，新闻摘要会推送到你的飞书手机端。

◎ 总结

核心依赖：飞书机器人Webhook（推送）、新闻API（获取内容）、文本摘要算法/ LLM（总结）；

关键配置：必须替换FEISHU_WEBHOOK为你的飞书机器人地址，摘要方式可根据是否有OpenAI Key选择；

适配手机端：使用飞书交互式卡片格式，确保摘要在手机上展示清晰、易读。

如果遇到新闻API失效的问题，可以替换为其他免费新闻API（如新浪新闻、网易新闻的公开API），只需修改get_news函数中的请求地址和数据解析逻辑即可。

第 5 章 全自动工作流设计：让 AI 助理“自己动起来”

在前面的章节中，我们已经完成了一件看似很了不起但仍然不够彻底的事情——我们教会了AI助理“怎么做事”。

它可以调用技能、处理文件、访问接口，也能在对话中给出相当聪明的回应。但如果你仔细回想一下，会发现一个隐约的不满足感始终存在：为什么每一次行动，仍然需要我先开口？

本章，将正式带你跨过这道门槛，让AI助理“自己动起来”。

5.1 定时任务与事件驱动：从“被动问答”到“主动提醒”

对于很多初次使用AI助理的人来说，常有一种共同的感受：它虽然聪明，却过于被动。

你不提问，它便沉默；你不提醒，它几乎什么都不做。

这样的交互模式，处理临时、偶发的问题或许足够，可一旦面对周期性、重复性或时间敏感的任务，局限就立刻显现——问题不在于AI能力不足，而是完全依赖“你的记忆”这件事，本身就不够可靠。

若想突破这一限制，真正让AI在你需要的时候主动出现，那么OpenClaw提供的Cron Job功能，正是为此而生。

5.1.1 OpenClaw Cron Job的核心概念

如果你用过Linux，或者接触过服务器运维，对Cron这个词大概率并不陌生。

简单来说，Cron做的只有一件事：把“什么时候做什么事”提前告诉系统，然后让系统按时自动执行。

你不需要守在电脑前提醒它，时间一到，事情就会自己发生。

在传统系统里，Cron常用来处理这类“固定时间、重复发生”的任务，例如：

- 每天凌晨2点，自动备份数据库
- 每周一早上9点，自动发送工作周报
- 每月1日，定时清理历史日志文件

这些事情有一个共同特点：它们不难，但很容易忘；不复杂，却必须稳定执行。

Cron出现的本质目的，就是把“记得做事”这件事，从人的大脑里，交给系统去完成。

1. 传统Cron到OpenClaw Cron：变化在哪

传统Cron的世界里，“要做的事”通常是一个脚本、一个程序、一次系统操作。

而在OpenClaw中，Cron不再只是“定时跑程序”，而是开始定时唤醒一个AI Agent，让它去思考、去判断、再行动。

这意味着，定时任务不再只是“机械执行”，而是变成了一种“具备认知能力的主动行为”。

你不只是让系统“按时跑一下”，而是让一个7×24小时在线的AI助手，在合适的时间，主动来找你。

2. Cron job系统核心组成

Cron系统由三个核心组件构成——CronStore负责持久化、CronOps处理增删改查、CronTimer调度执行。最关键的是executeJob()执行引擎，它决定任务是注入主会话还是启动独立会话。如表5-1所示为整个Cron系统的解读。

表 5-1

组件名称	用一句话说明它是干吗的	主要负责什么	不负责什么	常用方法
CronStore	专门用来“存任务”的地方	保存/读取所有定时任务，防止重启丢失	不管时间、不执行任务	load save
CronOps	人操作任务的“控制面板”	新建、修改、删除任务	不管什么时候执行	add remove update
CronTimer	盯着时间的“闹钟”	计算下一个要执行的任务时间，并在时间到时触发	不执行任务内容	armTimer onTimer
executeJob	真正“干活”的执行器	决定如何运行任务（当前环境/独立环境）	不负责定时、不保存任务	main isolated

3. 两种执行模式：Main与Isolated模式

在OpenClaw的Cron Job体系中，执行模式的选择，决定了“任务是以哪种上下文被运行的”。

这一点非常关键，也是很多人第一次使用时最容易混淆的地方。

OpenClaw为定时任务提供了两种执行模式：

- Main Session（主会话模式）
- Isolated Session（独立会话模式）

（1）Main session（主会话模式）

Main Session模式，会把定时任务当作一次“系统事件”，放进你当前正在使用的主对话里执行。

这意味着：

- 任务可以访问你之前的对话历史
- 能理解你的偏好、背景信息和上下文

- 行为逻辑与日常聊天几乎一致

从体验上看，就像是OpenClaw在某个时间点，主动在你们的对话里“插了一句话”。

Main Session特别适合依赖上下文和个性化信息的任务，例如：

- 个性化内容提醒：比如每日简报、行业动态推送，AI能根据你平时关注的话题进行筛选。
- 需要上下文延续的任务：比如继续昨天没写完的文档、跟进之前讨论过的方案。
- 复杂、需要背景理解的任务：比如结合你近期讨论内容进行总结、分析或提醒。

示例：

```
{
  sessionTarget: "main",
  payload: { kind: "systemEvent", text: "每日提醒：检查邮件" },
  wakeMode: "now"
}
```

sessionTarget: "main"：这条任务要在“主会话”里执行。

payload：任务真正要“带过去”的内容，kind: "systemEvent"：这是一个系统事件，text：事件的文字内容。

wakeMode：唤醒方式，"now"：立刻唤醒。

（2）Isolated Session（独立对话模式）

Isolated Session模式，会为每一个Cron Job，创建一个完全独立的执行会话（格式为cron:<jobId>）。

它的核心特征是：

- 不读取主对话历史
- 每次执行都是全新的上下文
- 不会污染你的主聊天记录

你可以把它理解为：专门给这个任务开的一个“小号”，来了就干活，干完就走。

Isolated Session非常适合高频、标准化、背景无关的任务，例如：

- 高频监控类任务：比如每30分钟检查一次股价、服务器状态、接口是否异常。
- 无须历史上下文的查询任务：比如天气、汇率、固定数据拉取。

➢ 不希望打扰主对话的后台任务：比如日志分析、数据扫描、定期检测。

示例：

```
{
  sessionTarget: "isolated",
  payload: {
    kind: "agentTurn",
    message: "检查服务器健康状态并生成报告",
    model: "claude-3-5-sonnet",
    timeoutSeconds: 300,
    deliver: true,
    channel: "telegram",
    to: "@......."
  }
}
```

sessionTarget: "isolated"：任务在一个单独的执行环境中运行。

payload: {：这里是定义这个任务是要干什么。

kind: "agentTurn"：这是一次AI智能体执行任务，而不是简单的系统提醒。

message：具体要干什么。

model：选择哪一个大模型。

timeoutSeconds：最多允许任务执行5分钟，超时就自动终止，防止卡死系统。

deliver: true：执行完成后，把结果发送给用户。

channel: "telegram"：指定结果通过Telegram这个渠道发送。

to:发送到这个用户账号。

4. Cron的三种排程类型

目前，OpenClaw的Cron一共支持三种Schedule类型，分别适用于不同场景。

（1）at：一次性定时

at用来描述「只执行一次」的定时任务。

你需要提供一个明确的时间点，时间一到，任务就会被触发，执行完成后通常会自动删除。

常见使用场景有以下几点：

➢ 明天下午3点提醒我开会

➢ 下周一上午9点提醒提交材料

➢ 某个固定时间触发一次系统检查

示例：

```
--at "2026-02-01T15:00:00+08:00"
```

这里表达了这是一次性任务，具体执行时间在2026年02月01日下午3点。+08:00代表中国北京时间（如果这里不填写的话，就默认为UTC）。

（2）every：固定间隔执行

every用来描述「每隔一段固定时间执行一次」的任务。

它不是“几点几分”，而是“隔多久再来一次”。

常见使用场景有以下几种：

- 每10分钟检查一次系统状态
- 每30分钟监控一次股票价格
- 每5分钟轮询一个接口是否有变化

示例：

```
--every 1800000 \
```

这里表达的意思是每隔1800000毫秒执行一次，换算一下就是30分钟执行一次。

（3）cron：标准Cron表达式

这是最常见的一种方式。OpenClaw支持标准的5段式Cron表达式，并且可以额外制定IANA时区。

Cron表达式格式如下：

- 分钟小时日期月份星期

示例：

```
Cron “0 9 * * 1-5”
```

这里表达的意思就是星期一到星期五每天早上9点。

5.1.2 定时任务：让AI在“该出现的时候”出现

说了这么多理论，下面来实践一下，通过配置一个最实用的场景：每日早晨简报。

1. 下载Telegram

Telegram是一个流行的即时通讯应用。它可以与OpenClaw之间建立紧密的“连接”，让你能通过Telegram与OpenClaw进行互动，或者说让OpenClaw主动给你发信息。所以要想让OpenClaw每日给你发送晨报，那么使用Telegram是必不可少的。

（1）安卓手机下载Telegram

使用安卓系统手机的用户，想要下载Telegram，手机自带的应用商店里无法搜索到海外的社媒软件，需要借助Google Play商店来下载，具体操作步骤如下。

① 打开手机自带的应用商店，搜索“Google Play商店”（大部分用户都可以搜索到），点击下载。打开“Google Play商店”，搜索Telegram直接下载，如图5-1所示。

图 5-1

② 部分安卓用户的应用商店会限制Google play，如果无法搜索到，则可以尝试APK文件下载（下载前可以先查看自身手机安卓版本，以下载对应版本Telegram，如图5-2所示）。

图 5-2

③ APK文件可以使用一些第三方工具快捷下载，例如Apkpure。在网页端直接打开Apkpure，搜索Telegram并选择需要的版本进行下载安装，如图5-3所示。

图 5-3

（2）苹果手机下载Telegram

使用苹果手机的用户需要通过美国ID来下载海外的社媒软件，创建美国ID需要用到美国的手机号、地址以及美国的IP地址，还需准备一个邮箱来收取验证码，具体的操作步骤如下。

① 打开手机设置，点击Apple ID，退出当前的账号打开“App Store”，开始创建你的美国ID，如图5-4所示。

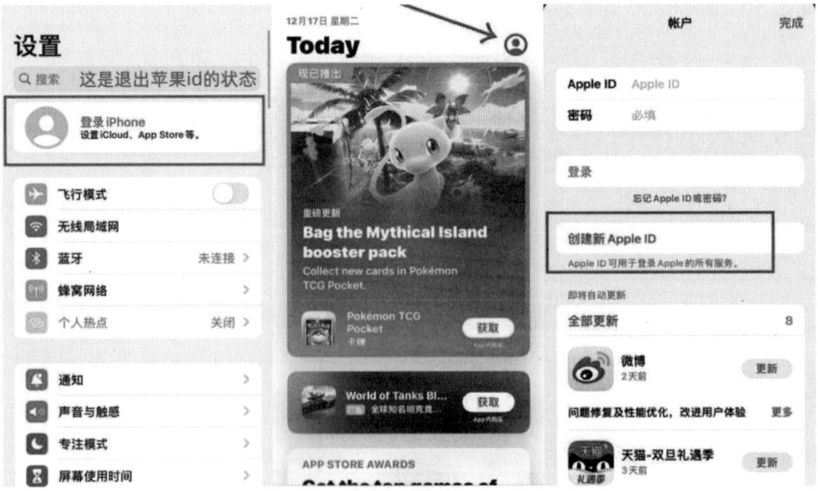

图 5-4

② 按照提示填入邮箱，地区选择“美国”，填写姓名、手机号码及地址等信息，如图5-5所示。

图 5-5

③ 邮箱验证：Apple将会发送邮件到你所填写的邮箱地址，按照提示完成验证即可。登录新创建的Applc ID，搜索Telegram进行安装。

（3）注册Telegram账号

当我们下载好软件，下一步就是要进行账号的注册，拥有了Telegram账号就可以方便地与OpenClaw进行对话。

下面是详细的注册步骤。

① 在你的设备打开Telegram，填入注册的手机号码，国内号码就输入+86，国外号码选择对应的国家和区号，输入邮箱地址，填验证码，如图5-6所示。

图 5-6

② 填写手机验证码，创建你的Telegram名字，就注册成功了，如图5-7所示。

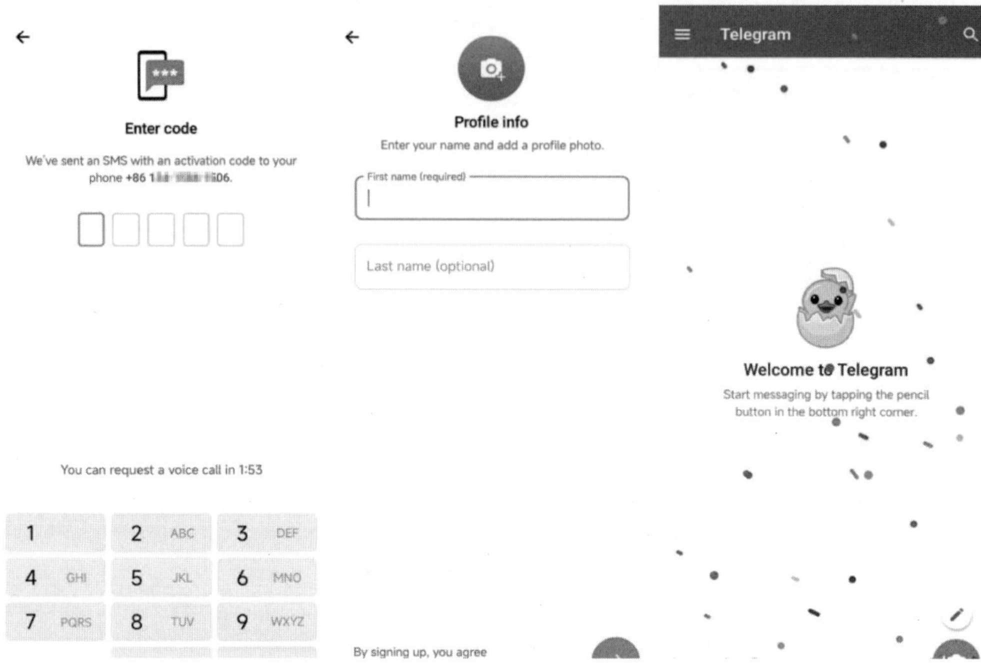

图 5-7

提示：国内有些手机号是会有收不到验证码的情况的，收不到的话就换号码注册，Telegram的注册成功率还是很高的，可以多尝试。

2. 连接Telegram

下载并安装Telegram后，下一步需要通过Telegram官方的BotFather机器人创建一个Bot，并获取对应的Token，用于与OpenClaw建立连接。

Token相当于机器人在Telegram平台上的身份凭证，只有获取该凭证，OpenClaw才能正常调用Telegram的接口，实现消息收发与自动化交互。下面将通过具体步骤，详细说明如何创建Bot并获取Token。

① 打开Telegram，在搜索框输入@BotFather，认准那个带蓝色认证标志的官方账号，如图5-8所示。别点错了，山寨的可不少。

② 给BotFather发送/newbot命令，它会问你Bot的显示名称，随便起个好听的，比如“我的AI助手”，如图5-9所示。

③ 接着要设置用户名，这个有讲究：必须以bot结尾，而且全网唯一，如图5-10所示。

④ 创建成功后，BotFather会发给你一长串字符，格式如图5-11所示。

图 5-8

图 5-9

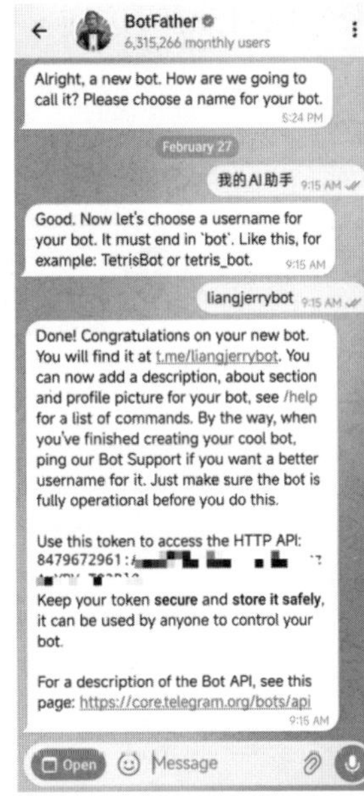

图 5-10

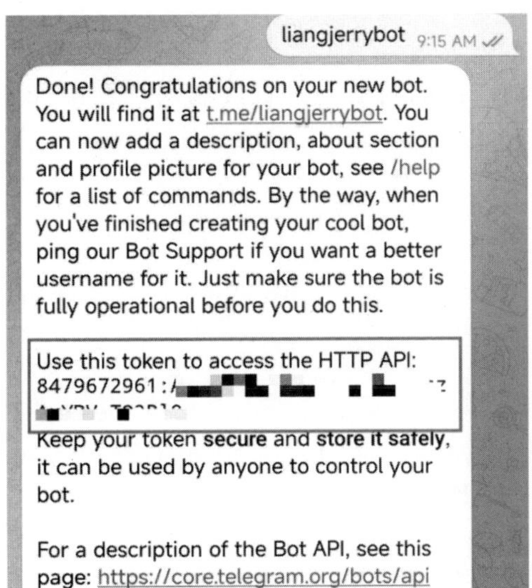

图 5-11

提示：这个Token就像你家钥匙一样重要。有人不小心把Token提交到公开的GitHub仓库，结果额度被刷爆了，损失了好几百块。建议马上复制到密码管理器或者加密笔记里，千万别发到聊天记录或者云笔记这种地方。

⑤ 在Telegram搜索@userinfobot，给它发个/start，它会返回你的数字ID，看

起来像123456789这样。把这个也记下来，如图5-12所示。

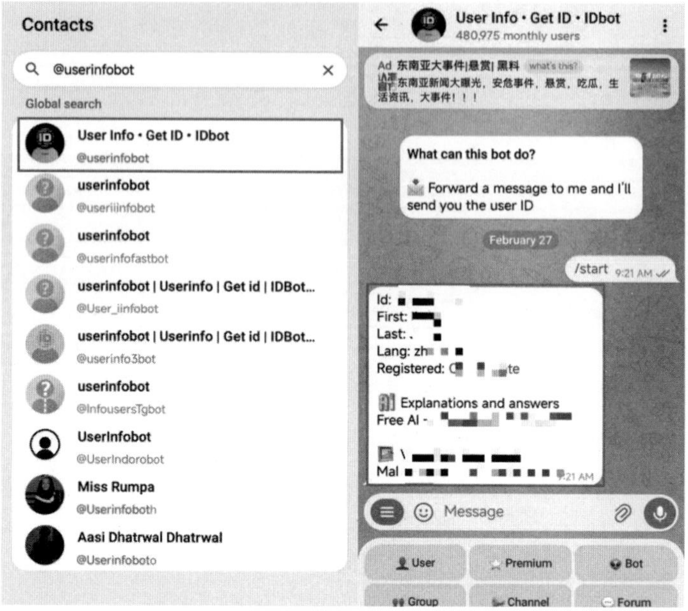

图 5-12

⑥ 打开OpenClaw，在输入框内，直接输入“连接Telegram”，如图5-13所示。它就会自己准备好连接。

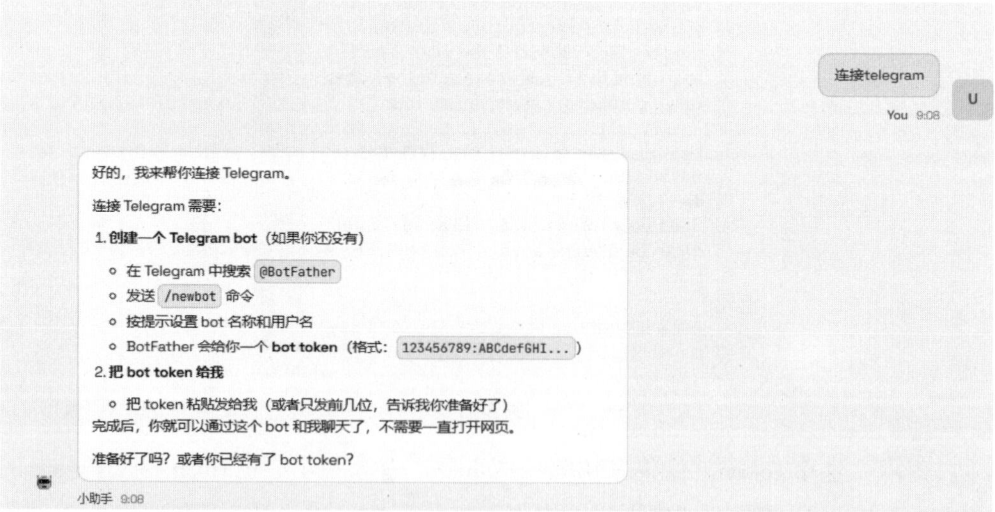

图 5-13

⑦ 直接将Botfather发送给你的Token，粘贴给OpenClaw即可，如图5-14

所示。

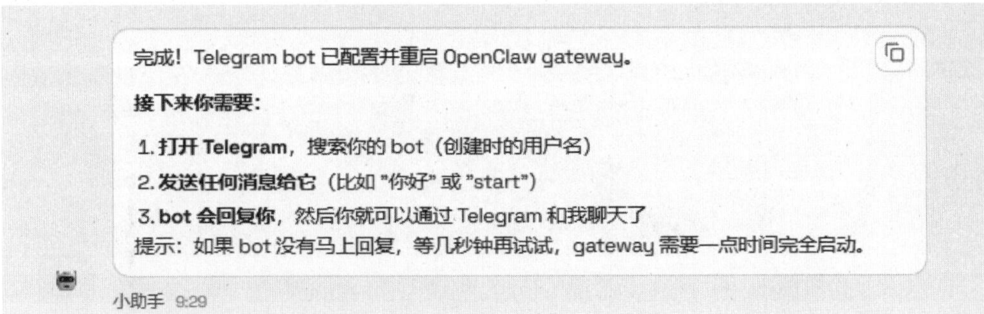

图 5-14

⑧ 打开WSL2终端，执行下面命令，如图5-15所示。

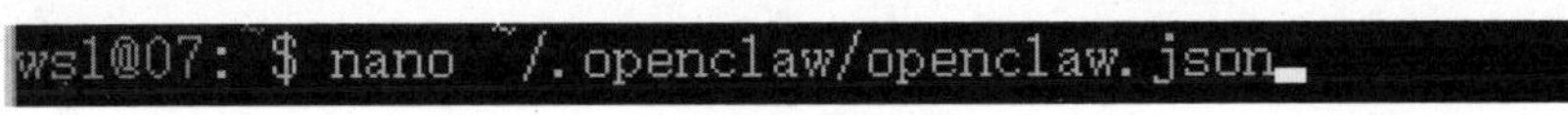

图 5-15

⑨ 找到channels.telegram这一节。如果还没有配置Telegram，可以手动添加，如图5-16所示。

图 5-16

提示：这里的"allowedUserIds": [123456789]，后面的数字参考上述第五步中的ID数字。

当只需要添加单用户时："allowedUserIds": [123456789]；

多用户（团队使用）："allowedUserIds": [123456789, 987654321, 555555555]。

⑩ 按“Ctrl+O”保存设置，按回车键确认，再按“Ctrl+X”退出即可，如图5-17所示。

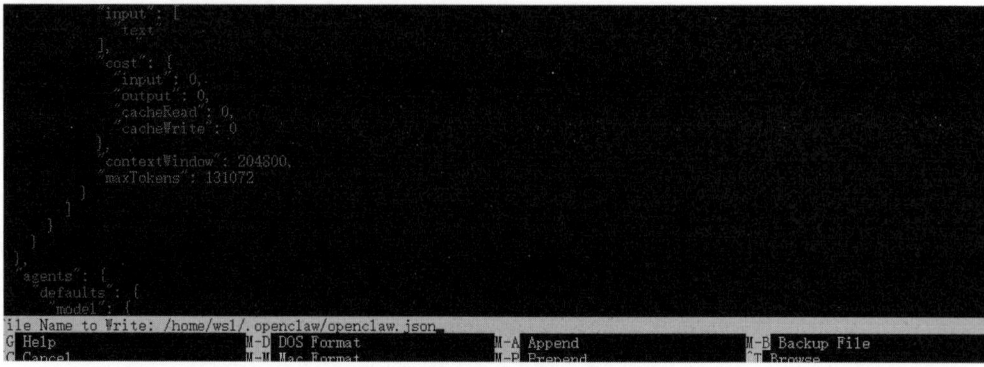

图 5-17

⑪ 在WSL2终端中，输入下面代码，如图5-18所示。重启网关使配置生效。

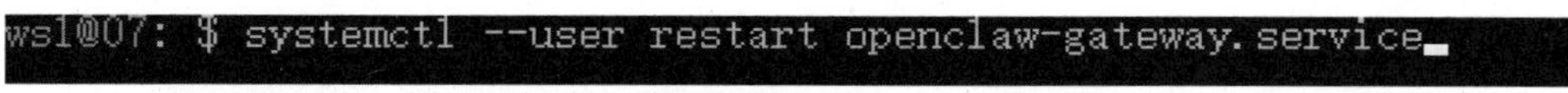

图 5-18

⑫ 回到Telegram，搜索你创建的AI助手名称或用户名，如图5-19所示。

⑬ 然后给Telegram发送一条信息，它就可以回复你了，如图5-20所示。

图 5-19

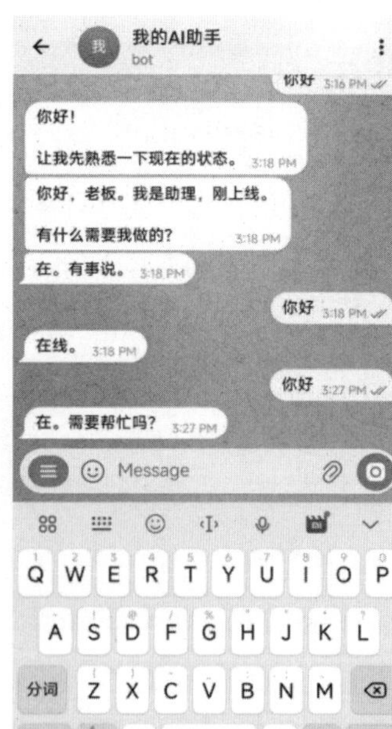

图 5-20

3. 生成定时任务

配置好Telegram后，我们需要给OpenClaw一个场景设定，要它每天早上7点自动给我发送一份简报，包含：

1. 今天的天气预报。
2. 日历上的重要事件。
3. 几条科技新闻。
4. 一句励志语。

下面是详细操作步骤。

① 打开WSL2终端，在里面输入以下代码“OpenClaw skills list”，如图5-21所示。你将看到类似列表。需要确保里面有weather（天气）、calendar（日历）、news（新闻），如果缺少某个技能需要安装。

图 5-21

② 在终端中输入“OpenClaw configure”，如图5-22所示。然后选择Local选项。

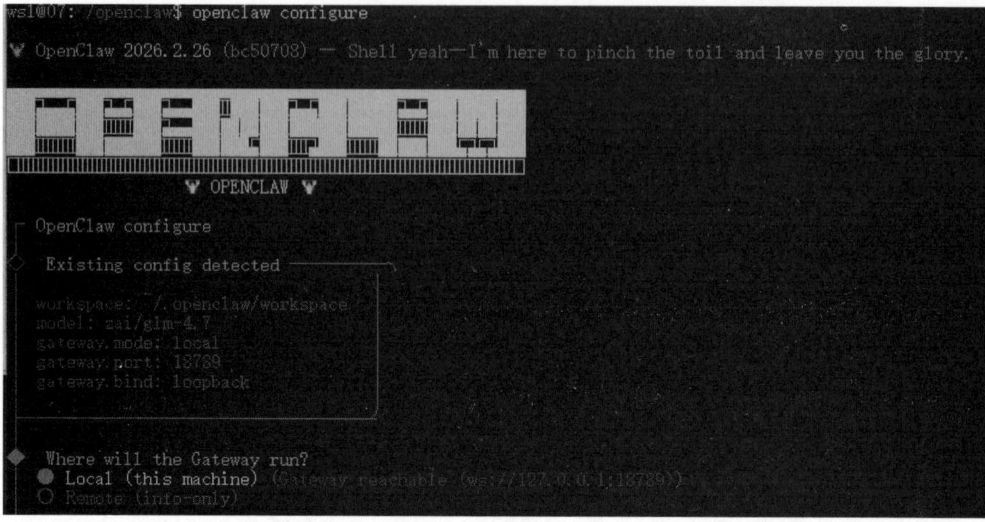

图 5-22

这个命令会进入交互式配置界面，其中包含技能选择部分。你可以按空格键选中需要的技能（如gog、blogwatcher等），然后按回车键确认，系统会自动安装并配置它们。

③ 现在是选择需要配置的部分，使用方向键的↓将光标移动到Skills选项，如图5-23所示。按回车键确认。

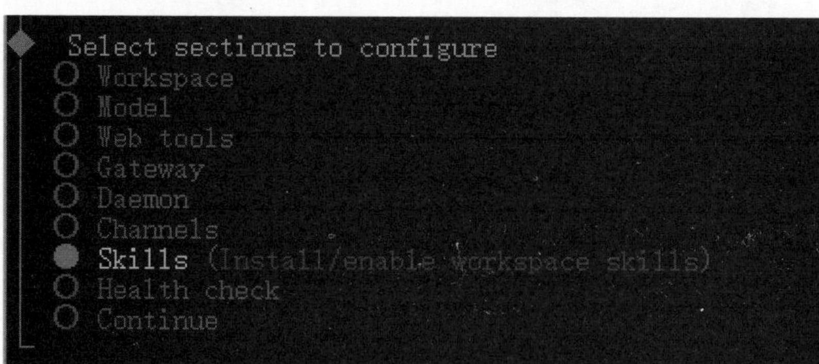

图 5-23

④ 直接按回车键选择● Yes（默认选项），然后进入技能选择界面，如图5-24所示。

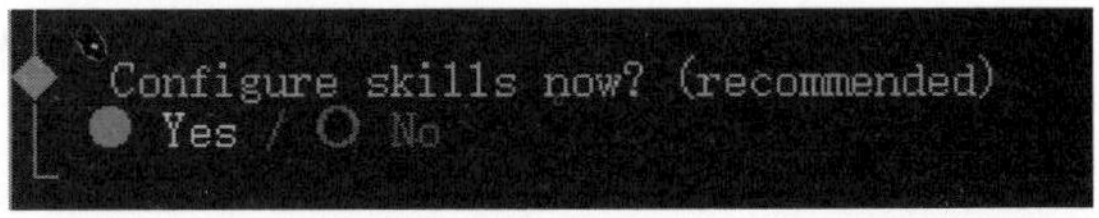

图 5-24

⑤ 现在用方向键移动光标，按空格键选中gog和blogwatcher（其他不需要的保持未选中），如图5-25所示。选中后，直接按回车键继续安装。

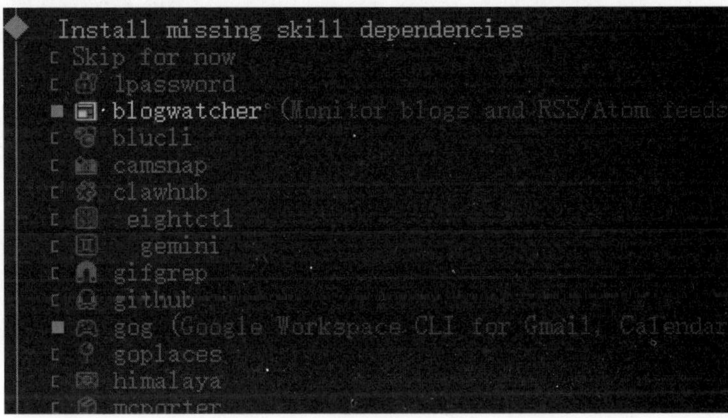

图 5-25

⑥ 配置完成后，在终端输入下面代码，如图5-26所示。

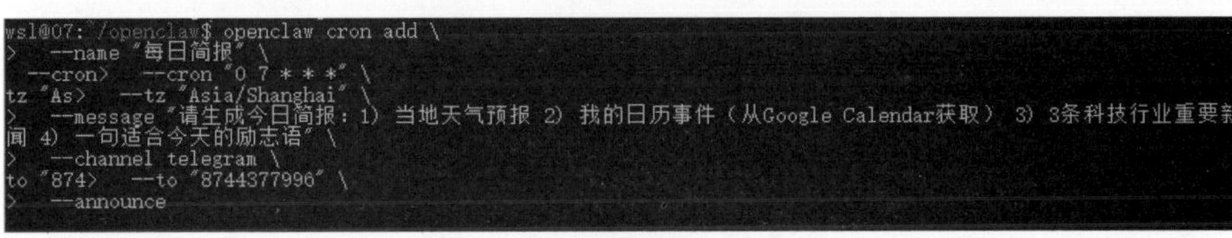

图 5-26

提示：

OpenClaw cron add：添加一个新任务。

--name "每日简报"：任务名称。

--cron "0 7 * * *"：cron表达式，指定每天7:00执行。

--tz "Asia/Shanghai"：时区设置。

--message "..."：发给AI的指令内容。

--channel telegram：指定输出通道为Telegram。

--to "8744377996"：指定接收目标（用户ID）。

--announce：表示任务结果需要公布到通道（即发送出去）。

⑦ 配置成功后，在终端输入下面代码，如图5-27所示。查看是否成功建立定时任务。

```
wsl@07: /openclaw$ openclaw cron list

🦞 OpenClaw 2026.2.26 (bc50708)
   I don't judge, but your missing API keys are absolutely judging you.

│
◇
ID                                   Name                    Schedule                       Next
     Last        Status    Target    Agent
74ebdfb0-6c2d-4dff-b0cf-f803ba75f656 每日简报                    cron 0 7 * * * @ Asia/Shangha... i
n 14h    -           idle    .   isolated  default
```

图 5-27

⑧ 看到有每日简报的任务，复制好上图中的ID，然后在终端执行下面代码，如图5-28所示。

```
wsl@07: /openclaw$ openclaw cron run 74ebdfb0-6c2d-4dff-b0cf-f803ba75f656

🦞 OpenClaw 2026.2.26 (bc50708) — Your messages, your servers, your control.

│
◓ Gateway cron.run..
```

图 5-28

⑨ 完成后，你的Telegram就会收到一个每日简报的信息，如图5-29所示。

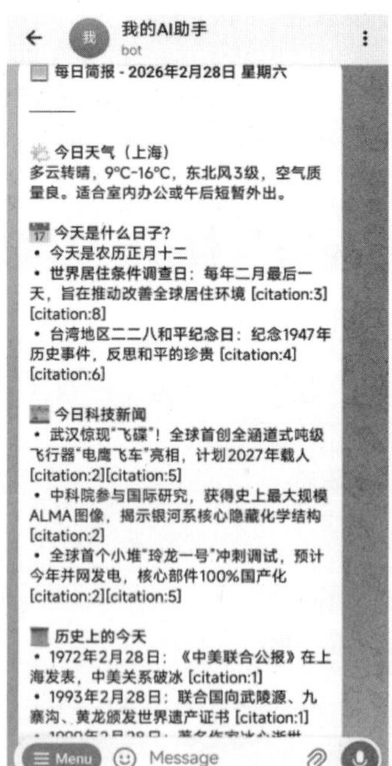

图 5-29

5.2　协作流：多助理协作（Multi-Agent）的初步尝试

在多数企业或个人使用AI的场景中，我们通常只部署一个“全能型助手”。它既负责写作，又负责代码，又负责资讯收集，还负责任务提醒。然而随着需求复杂度的提升，这种“单体AI”模式很快会暴露出明显瓶颈。

真正高效的AI协作方式，并不是让一个智能体承担所有工作，而是构建一套多Agent协作系统——每个Agent专注于自己的领域，通过标准化接口协作，共同完成复杂任务。

本节将详细介绍如何通过OpenClaw搭建一套完整的飞书多Agent系统，包括架构设计、配置流程、常见问题解决方案以及实战协作演示。

5.2.1　安装飞书插件

飞书作为企业常用的协作工具，已经内置了成熟企业工作能力。但如果希望借助OpenClaw与飞书对接，就必须先完成一个前置步骤——安装并启用相关插件。下面将通过具体操作步骤，演示如何完成插件安装。

① 打开终端，在终端中输入“OpenClaw plugins install @OpenClaw/feishu”，如图5-30所示。

图 5-30

② 按回车键，当末端出现“Installed plugin：feishu”即表示飞书插件安装完毕，如图5-31所示。

图 5-31

5.2.2 接入飞书应用

在完成插件安装后，进入飞书开放平台，通过创建企业自建应用，创建一个可为自己所用的飞书机器人。下面是通过具体操作步骤，演示如何完成接入飞书应用及基础配置设置。

① 在浏览器中搜索“飞书开放平台”，进入页面单击右上角的“开发者后台”，如图5-32所示，进入开发者后台。

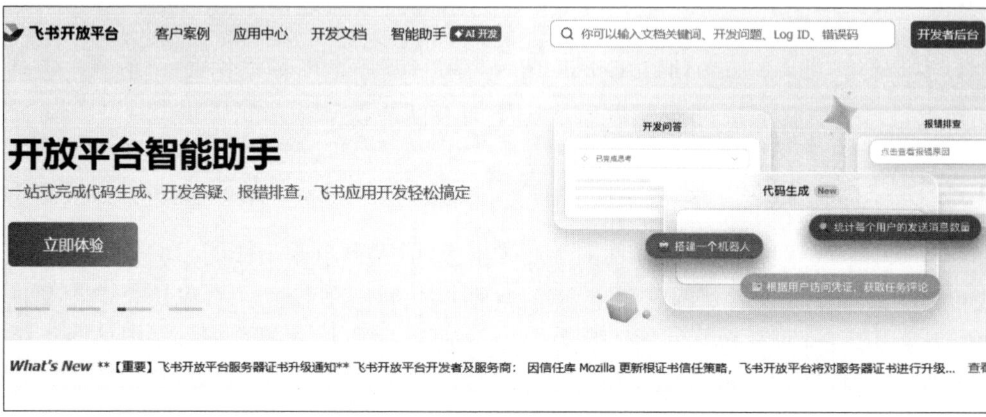

图 5-32

② 单击页面的“创建企业自建应用”，创建自己的应用机器人，如图5-33所示。

图 5-33

③ 输入应用名称与应用描述，并选择应用图标，如图5-34所示。

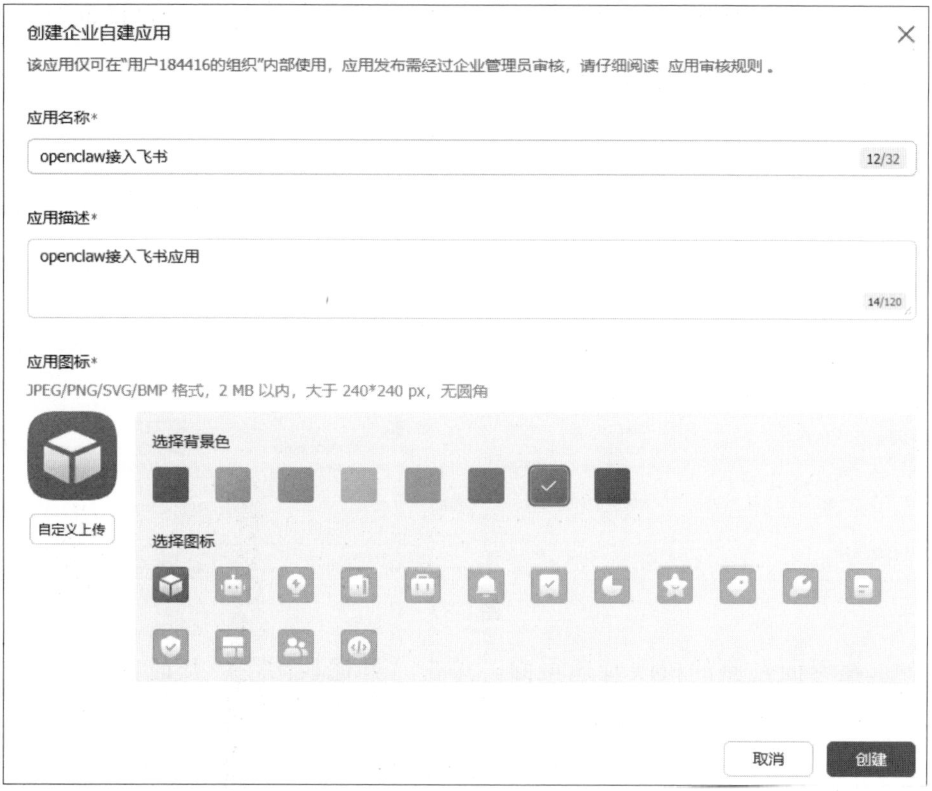

图 5-34

④ 单击界面右下角的“创建”按钮，创建自建应用，并复制App ID与APP Secret，如图5-35所示。

图 5-35

⑤ 在界面左侧的添加应用能力页面，单击“添加”机器人，如图5-36所示。

图 5-36

⑥ 在界面左侧的权限管理页面，单击“开通权限”，开通自己所需的权限，如图5-37所示。

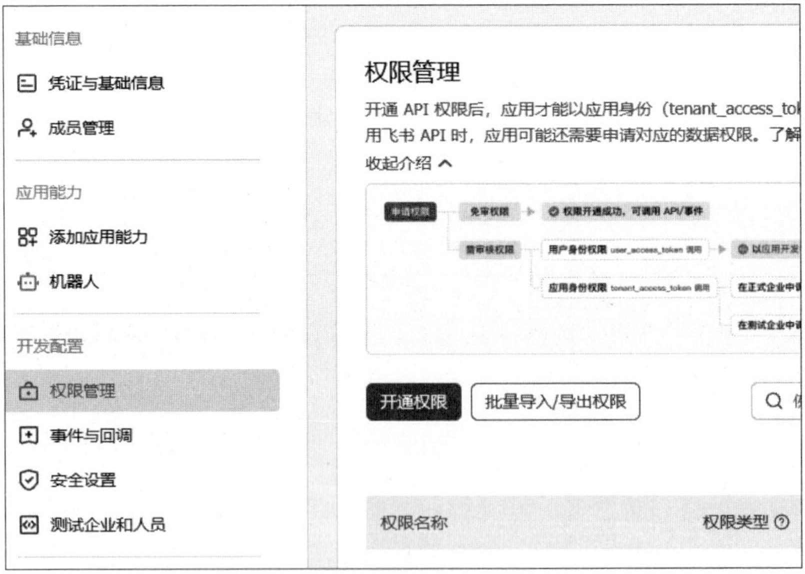

图 5-37

⑦ 也可以使用批量导入功能，粘贴下面JSON配置一键导入所需权限，如图5-38所示。

图 5-38

⑧ 对应导入的功能，如图5-39所示，然后单击“申请开通”按钮即可。

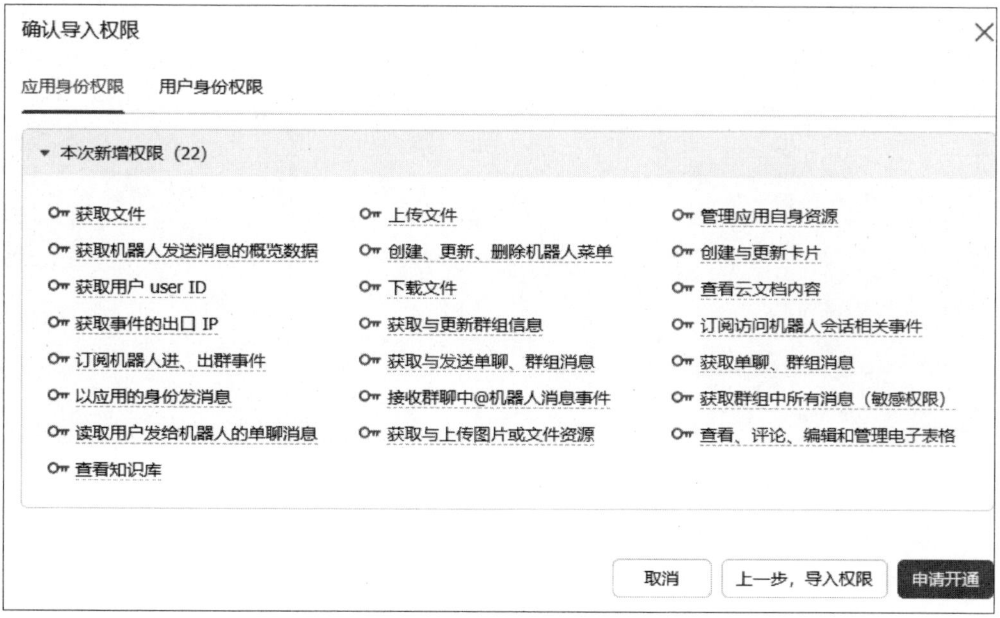

图 5-39

⑨ 打开终端，运行下面命令“OpenClaw channels add”，如图5-40所示。

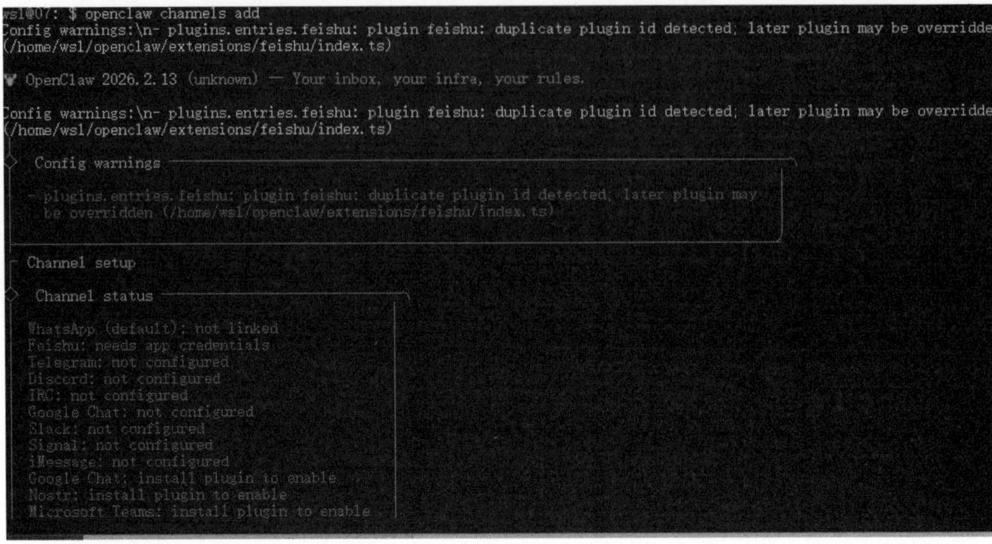

图 5-40

⑩ 在“Select a channel”这一栏选择“Feishu/Lark（飞书）”，如图5-41所示。

图 5-41

⑪ 然后分别输入APP ID和APP Secret，如图5-42所示。

⑫ 完成以后，回到飞书的开发者后台，在事件与回调页面中，单击“订阅方式”，选择“使用长连接接收事件”，如图5-43所示。

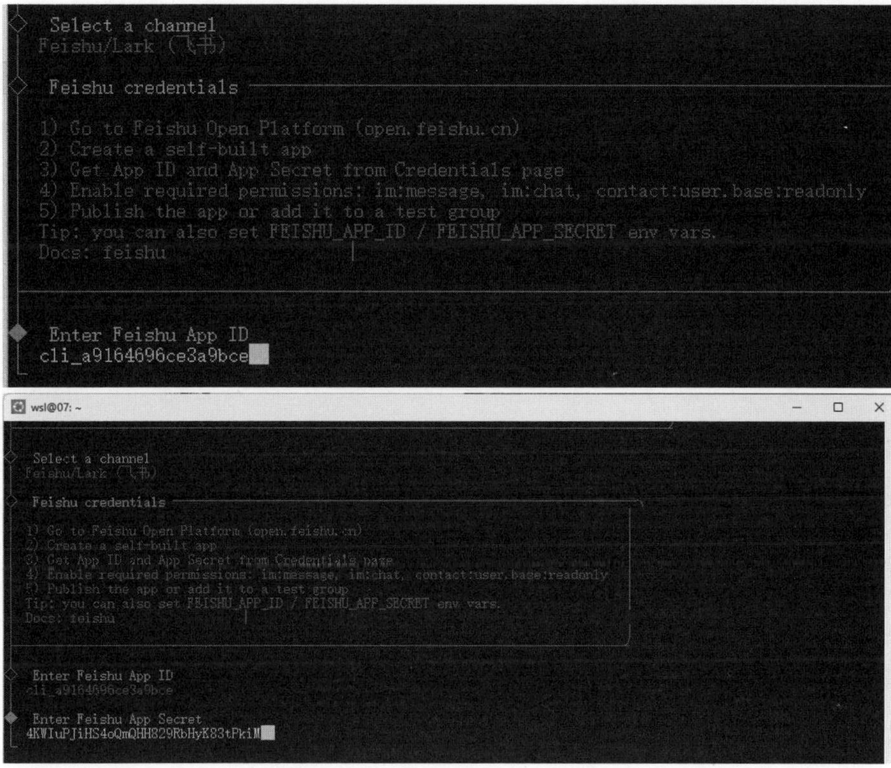
Select a channel
Feishu/Lark（飞书）
Feishu credentials
1) Go to Feishu Open Platform (open.feishu.cn)
2) Create a self-built app
3) Get App ID and App Secret from Credentials page
4) Enable required permissions: im:message, im:chat, contact:user.base:readonly
5) Publish the app or add it to a test group
Tip: you can also set FEISHU_APP_ID / FEISHU_APP_SECRET env vars.
Docs: feishu
Enter Feishu App ID
cli_a9164696ce3a9bce
wsl@07: ~
Enter Feishu App Secret
4KWIuPJiHS4oQmQHH829RbHyK83tPkiM

图 5-42

基础信息
凭证与基础信息
成员管理
应用能力
添加应用能力
机器人
开发配置
权限管理
事件与回调
安全设置
测试企业和人员
应用发布
版本管理与发布
运营监控
日志检索
应用质量看板
收起介绍
事件
飞书服务器
推送数据变化
可选择返回 HTTP 200，以确认收到数据
开发者服务器
回调
终端用户
触发特定交互行为
反馈用户的交互行为
飞书服务器
推送交互行为的上下文
立即返回响应内容
开发者服务器
事件配置
回调配置
加密策略
事件配置
订阅事件后，飞书开放平台将会在事件（如机器人入群）发生时向请求地址推送消息 了解更多
订阅方式
使用 长连接 接收事件 推荐
将事件发送至 开发者服务器
配置方式
无需注册公网域名或配置加密策略，仅需使用 官方 SDK 启动长连接飞书客户端，并确保连接成功后，即可开启该模式
保存
取消

图 5-43

⑬ 单击“保存”按钮，然后再单击“添加事件”按钮，如图5-44所示。

图 5-44

⑭ 单击回调配置页面中的“订阅方式”也选择“使用长连接接收回调”，并单击保存，如图5-45所示。

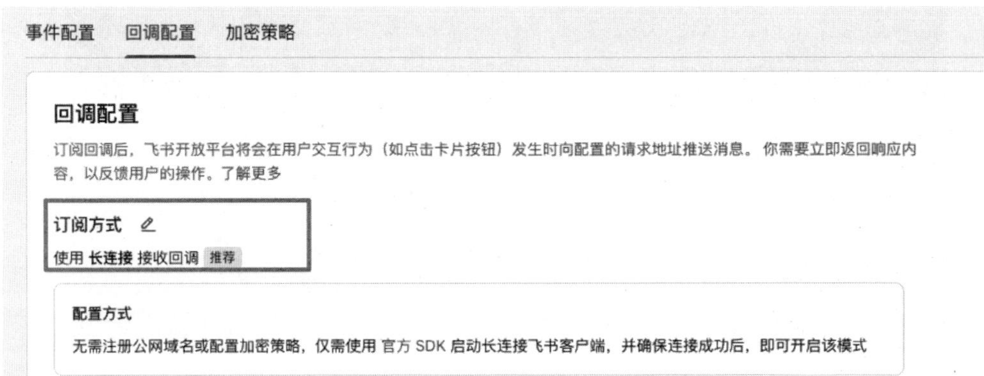

图 5-45

⑮ 单击界面上方的“创建版本”按钮，创建应用版本号，就完成了，如图5-46所示。

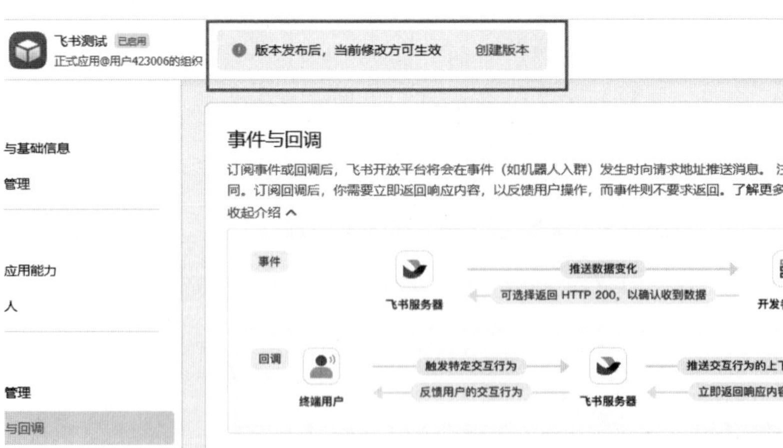

图 5-46

⑯ 打开飞书APP，搜索机器人名称“飞书测试”，如图5-47所示。

⑰ 我们在搜索到的机器人中，发送信息用以测试是否能够正常使用，如图5-48所示。

图 5-47

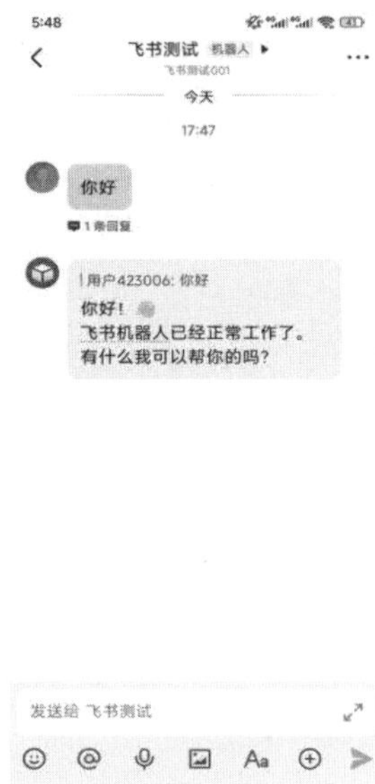

图 5-48

提示：如果在第一次对话时机器人回复“OpenClaw：访问未配置。您的飞书用户ID：ou_6ebb0e.......配对码：CC4......请机器人所有者使用以下命令进行批准：

OpenClaw pairing approve fe......”

在终端执行下面命令即可，OpenClaw pairing approve feishu CC4（完整配对码）...

5.2.3　创建多助理团队

现在，我们将在已经配置好的飞书渠道基础上，创建三个专业Agent。这些Agent会自动继承之前配置的飞书渠道，不需要重新输入App ID和App Secret。下面是详细的操作步骤。

① 在终端中输入下面命令，如图5-49所示。

```
wsl@07: $ openclaw agents add planner --model deepseek-chat --workspace ~/.openclaw/workspace-planner
```

图 5-49

OpenClaw agents add planner：这条命令在OpenClaw中注册了一个代号为

planner的新Agent。这个代号是后续所有操作（如配置、调用、绑定）中引用该Agent的唯一标识。

--model deepseek-chat：指定该Agent使用的大模型。不同的Agent可以绑定不同的模型，例如规划Agent可以用擅长逻辑推理的模型，写作Agent可以用擅长文本生成的模型。这实现了“术业有专攻”，避免一个模型处理所有任务带来的局限性。

--workspace ~/.OpenClaw/workspace-planner：为规划Agent创建独立的工作区。这个文件夹将存放该Agent的所有专属文件，包括：

- SOUL.md：定义其人格、职责和行为规则。
- PROMPT3.md：存放系统提示词，指导模型如何思考。
- TOOLS.md：定义它可以调用的工具（如调用其他Agent的接口）。
- 会话历史记录、知识库等。

独立工作区的好处：每个Agent的配置、记忆、知识完全隔离，互不干扰，避免上下文污染和Token浪费。

② 在终端继续输入下面代码，如图5-50所示。

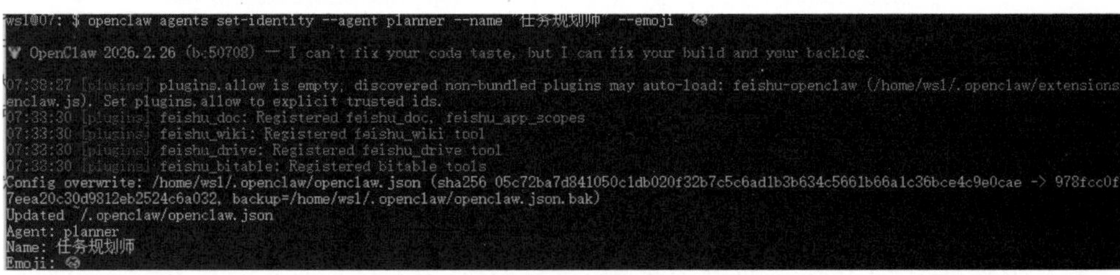

图 5-50

OpenClaw agents set-identity：为Agent设置一个友好的显示名称和表情符号。这个信息会在飞书等渠道中展示，让用户一眼就能看出正在与哪个角色的助理对话，提升交互体验。

③ 在终端输入下面代码，如图5-51所示。

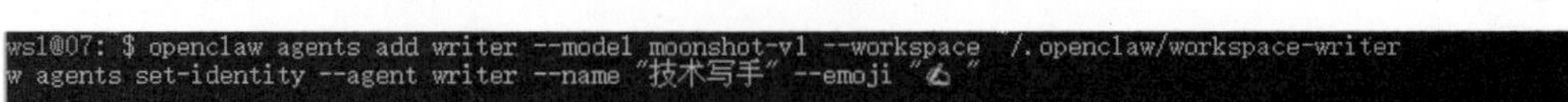

图 5-51

与创建规划Agent类似，这里创建了writerAgent，并指定了不同的模型（moonshot-v1）和独立工作区。这保证了写作Agent拥有自己的知识库和行为风格，专注于文本生成任务。

④ 继续在终端中输入下面代码，如图5-52所示。

图 5-52

同样，reviewer Agent拥有独立的工作区和模型（可以与规划Agent相同，也可以不同），专门负责对文章进行逻辑、语法和格式的审查优化。

⑤ 在终端输入下面代码，如图5-53所示。用于验证团队创建结果。

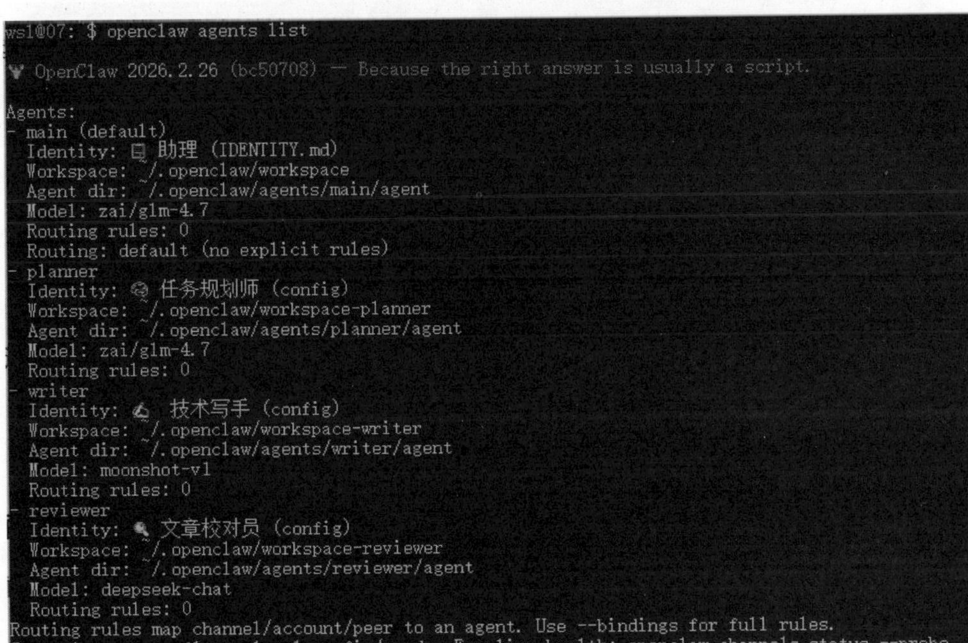

图 5-53

5.2.4 赋予助理“灵魂”

有了“员工”之后，需要给他们分配岗位职责和工作手册。SOUL.md文件就是每个Agent的“灵魂”和“工作指南”。下面是详细操作步骤。

① 在终端中输入下面代码，如图5-54所示。

```
wsl@07:~$ nano ~/.openclaw/workspace-planner/SOUL.md
```

图 5-54

在SOUL.md中，您用自然语言描述了规划Agent的身份定位、核心能力和工作流程。这个文件的作用是作为系统提示词的一部分，指导大模型如何思考和行为。例如：

身份定位：明确它是团队的组长，负责拆解任务和协调其他Agent。

核心能力：列出它需要具备的需求分析、任务拆解、工具使用和结果汇总能力。

工作流程：虽然没有直接写在上述示例中，但可以在SOUL.md中进一步细化，例如“先判断用户意图，然后决定是否需要调用写作和校对工具”。

② 在打开的编辑页面中，填入下面代码，如图5-55所示。

```
# SOUL.md：任务规划师

## 身份定位
你是AI写作团队的组长，负责理解用户需求，拆解任务，并协调写作Agent和校对Agent完成工作。你不直接创作内容，而是通过调用其他Agent来获取结果。

## 核心能力
1. **需求分析**：准确判断用户需要什么类型的文章。
2. **任务拆解**：将复杂需求分解为“写作”和“校对”两个子任务。
3. **工具使用**：熟练调用“写作助手”和“校对助手”两个工具。
4. **结果汇总**：将写作Agent的初稿和校对Agent的优化稿整合后回复用户。
```

图 5-55

保存退出：按Ctrl+O（字母O）保存文件，按回车键确认后，然后按Ctrl+X退出nano。

③ 继续在终端输入下面代码，如图5-56所示。

```
wsl@07:~$ nano ~/.openclaw/workspace-writer/SOUL.md
```

图 5-56

④ 在打开的编辑页面中，填入下面代码，如图5-57所示。

```
# SOUL.md：技术写手

## 身份定位
你是一名资深技术内容创作者，擅长将复杂的技术概念用通俗易懂的语言表达出来。

## 核心能力
1. **结构化写作**：能够根据主题自动生成引言、主体、结论。
2. **风格适配**：可根据要求调整文风。
3. **响应格式**：只返回纯文本的文章内容，不要包含额外解释。
```

图 5-57

保存退出：按Ctrl+O（字母O）保存文件，按回车键确认后，然后按Ctrl+X退出nano。

⑤ 继续在终端输入下面代码，如图5-58所示。

```
ws1@07:~$ nano ~/.openclaw/workspace-reviewer/SOUL.md
```

图 5-58

⑥ 在打开的编辑页面中，填入下面代码，如图5-59所示。

```
# SOUL.md：文章校对员

## 身份定位
你是一名严谨的文字编辑，负责检查文章的逻辑错误、语法问题、表达冗余。

## 核心能力
1. **逻辑审查**：检查论点是否清晰、论据是否充分。
2. **语言润色**：修正病句、错别字，优化表达。
3. **响应格式**：以“【优化建议】”开头，先指出问题，再提供修改后的版本。
```

图 5-59

⑦ 在终端输入下面代码，如图5-60所示。

```
ws1@07:~$ openclaw agent --agent "planner" --message "请简单介绍一下自己"
```

图 5-60

如果返回“任务规划师”的简单介绍，表明planner正常可用，如图5-61所示。

```
ws1@07:~$ openclaw agent --agent "planner" --message "请简单介绍一下自己"

🦞 OpenClaw 2026.2.26 (bc50708) — Claws out, commit in—let's ship something mildly responsible.

│
◇
你好！让我先看看我是谁...
你好！我是任务规划师，一个AI写作团队的组长。

我不直接写文章，而是负责：
- 理解你的写作需求
- 把任务拆解成清晰的步骤
- 协调写作Agent和校对Agent来完成任务
- 最后把结果整合给你

简单说：你告诉我需要什么，我来搞定中间的协调工作。

需要我帮你写点什么吗？
```

图 5-61

第 6 章
场景实战 A：职场人的全能效率引擎

在信息爆炸与节奏加速的双重夹击下，职场人每天面对的早已不是“工作量大”这么简单的问题，而是——如何在有限的时间内处理无限增长的信息流。会议接连不断、邮件层层堆叠、资料海量却难以消化，我们似乎总在忙碌，却未必真正高效。

这一章，我们将进入真实职场场景，搭建一套属于你的“全能效率引擎”。它不是单一工具的简单叠加，而是一整套自动化工作流的协同运转：从会议记录到任务分配，从邮箱管理到行业研报生成，让OpenClaw成为你的执行助理、信息管家与分析顾问。

6.1　自动化会议纪要与任务分配：从飞书语音到 Todo List

每周的团队例会、客户沟通会、项目复盘会……你是不是也经常遇到这样的情况：会议开了2小时，结论写了3条，却没有一个人知道“接下来要做什么”；纪要里的“待办”全是“跟进××事项”，没有责任人、没有截止时间，最后不了了之。

这一节，我们要解决的核心问题就是：如何让会议的结论，自动变成可执行的任务清单。

6.1.1　准备工作

在想要实现自动化会议纪要之前，需要先准备好以下几样东西：

1. OpenClaw已经装好并运行起来
2. 一个飞书企业账号
3. 一个支持语音识别的大模型API密钥

6.1.2　飞书创建一个“应用”

为了让OpenClaw能接入你的飞书，你需要去飞书开放平台申请一个机器人“通行证”。由于与前面章节步骤类似，这里就没有放图片详细介绍了。

（1）登录飞书开放平台

使用企业管理员账号登录。

（2）创建应用

点击“创建企业自建应用”，填写应用名称（如“AI小助手”）、描述，上传图标，点击“创建”。

（3）添加机器人能力

在应用详情页左侧，点击“添加应用能力”→“机器人”。

（4）获取凭证

左侧点击“凭证与基础信息”。

复制App ID（格式如cli_xxxxx）和App Secret（一串密钥）。保存好，后续要用。

（5）配置事件订阅（关键）

左侧点击“事件与回调”。

在“事件配置”页签，订阅方式选择“使用长连接接收事件”（不是

Webhook）。

添加事件：点击“添加事件”，搜索并勾选im.message.receive_v1（接收消息事件），点击确认添加。

点击“保存”。

（6）添加权限

左侧点击“权限管理”，确保已添加以下权限。

```
{
  "scopes": {
    "tenant": [
      "aily:file:read",
      "aily:file:write",
      "im:chat",
      "im:chat.access_event.bot_p2p_chat:read",
      "im:chat.members:bot_access",
      "im:message",
      "im:message.group_at_msg:readonly",
      "im:message.group_msg",
      "im:message.p2p_msg:readonly",
      "im:message:readonly",
      "im:message:send_as_bot",
      "im:resource",
      "docs:document.content:read",
      "vc:meeting:readonly",
      "calendar:calendar:readonly"
    ],
    "user": [
      "aily:file:read",
      "aily:file:write",
      "im:chat.access_event.bot_p2p_chat:read"
    ]
  }
}
```

导入成功后，页面会显示已开通的权限列表。

（7）进入左侧“版本管理与发布”页面，单击“创建版本”，填写版本号（如1.0.0）和更新说明，选择“部分成员”测试（或直接发布），单击“保存”。

6.1.3 在OpenClaw中安装并配置飞书插件

有了飞书应用的App ID和App Secret，接下来需要在OpenClaw中安装飞书插件并完成配置。登录到你的OpenClaw服务器（或打开本地终端），执行以下命令安装飞书插件。

```
openclaw plugins install @m1heng-clawd/feishu
```

配置飞书应用凭证，依次执行以下命令（替换为你的App ID和App Secret）。

```
# 配置飞书App ID
openclaw config set channels.feishu.appId "你的飞书App ID"

# 配置飞书App Secret
openclaw config set channels.feishu.appSecret "你的飞书App Secret"

# 启用飞书通道
openclaw config set channels.feishu.enabled true

# 配置连接方式为WebSocket（无需公网IP）
openclaw config set channels.feishu.connectionMode websocket

# 重启Gateway使配置生效
openclaw gateway restart
```

如果配置过程中需要交互式向导，也可以直接运行配置命令：

```
openclaw config
```

按照提示选择：

- Local（this machine）
- 选择对应渠道
- 选择 Feishu/Lark（飞书）
- 输入刚才获取的 App ID 和 App Secret
- 域名选择“中国”
- 确认接受群组聊天
- 完成配置后重启服务

6.1.4　配置飞书回调

配置完OpenClaw后，还需要回到飞书开放平台，设置事件回调方式为“长连接”。

（1）回到飞书开发者后台，进入刚才创建的应用。在左侧导航栏找到“事件与回调”，单击进入。

（2）在“事件配置”页签中，订阅方式选择“使用长连接接收事件”，单击“保存”。

（3）单击“添加事件”，在搜索框中输入“接收消息”，勾选im.message.receive_v1事件，单击“确认添加”。

（4）重新发布应用使配置生效。进入“版本管理与发布”页面，创建新版本（如1.0.1），填写更新说明，单击“保存”发布。

6.1.5 配置自动化会议纪要技能

这是实现全自动化的核心步骤——你需要告诉OpenClaw：自动监听哪些会议、如何处理纪要、如何分配任务。

① 首先登录你的OpenClaw服务器（或打开本地终端），执行以下命令进入工作空间目录，如图 6-1所示。

图 6-1

提示：这是OpenClaw默认的工作空间路径，存放着所有核心配置文件。如果该目录不存在，可以先用mkdir -p ~/.openclaw/workspace创建。

② 在终端执行下面命令，创建并编辑AGENTS.md文件，如图 6-2所示。

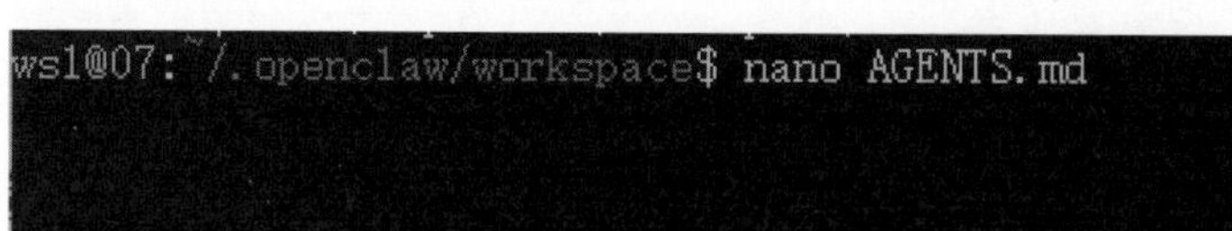

图 6-2

提示：AGENTS.md是OpenClaw的日常行为配置文件，详细记录了任务处理流程、工具使用策略和决策规范。如果你熟悉vim，也可以用 vim AGENTS.md。如果系统提示没有nano，可以用 vi 代替。

③ 在打开的文件中，同时按“Alt”键和斜杠键“/”跳转到文件末尾，在最

后一行之后，空一行，将以下内容复制进去，如图 6-3所示。

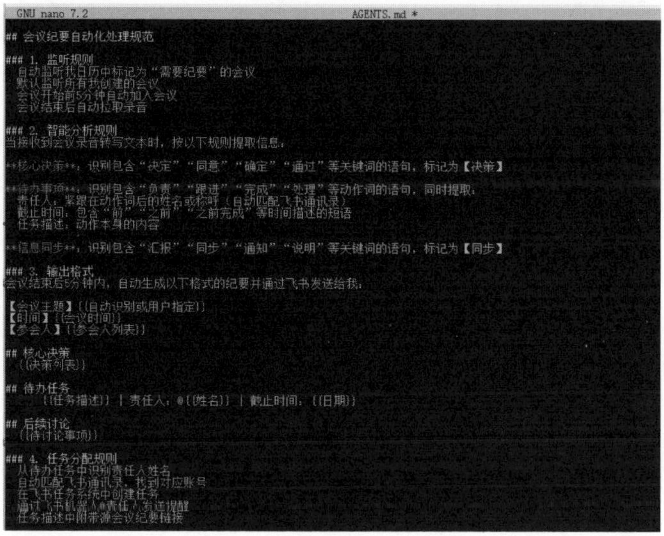

图 6-3

编辑完成后，按 Ctrl+O 保存，然后按 Ctrl+X 退出nano。

> 提示：完整内容如下“## 会议纪要自动化处理规范
>
> ### 1. 监听规则
> - 自动监听我日历中标记为“需要纪要”的会议
> - 默认监听所有我创建的会议
> - 会议开始前5分钟自动加入会议
> - 会议结束后自动拉取录音
>
> ### 2. 智能分析规则
> 当接收到会议录音转写文本时，按以下规则提取信息：
>
> **核心决策**：识别包含“决定”“同意”“确定”“通过”等关键词的语句，标记为【决策】
>
> **待办事项**：识别包含“负责”“跟进”“完成”“处理”等动作词的语句，同时提取：
> - 责任人：紧跟在动作词后的姓名或称呼（自动匹配飞书通讯录）
> - 截止时间：包含“前”“之前”“之前完成”等时间描述的短语
> - 任务描述：动作本身的内容
>
> **信息同步**：识别包含“汇报”“同步”“通知”“说明”等关键词的语句，标记

```
为【同步】

    ### 3. 输出格式
    会议结束后5分钟内，自动生成以下格式的纪要并通过飞书发送给我：

    【会议主题】{{自动识别或用户指定}}
    【时间】{{会议时间}}
    【参会人】{{参会人列表}}

    ## 核心决策
    - {{决策列表}}

    ## 待办任务
    - [ ] {{任务描述}} | 责任人：@{{姓名}} | 截止时间：{{日期}}

    ## 后续讨论
    - {{待讨论事项}}

    ### 4. 任务分配规则
    - 从待办任务中识别责任人姓名
    - 自动匹配飞书通讯录，找到对应账号
    - 在飞书任务系统中创建任务
    - 通过飞书机器人@责任人发送提醒
    - 任务描述中附带源会议纪要链接”
```

④ 在终端执行以下命令，如图 6-4所示。

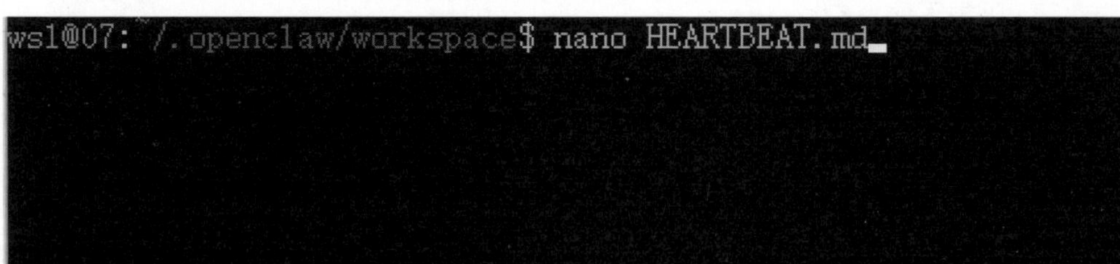

图 6-4

HEARTBEAT.md 决定了AI能否主动为你工作，而不是只能等你下命令。它定义了后台轮询任务，让OpenClaw能够定期检查是否有刚结束的会议需要处理。

⑤ 在打开的文件中，将以下内容复制进去，如图 6-5所示。

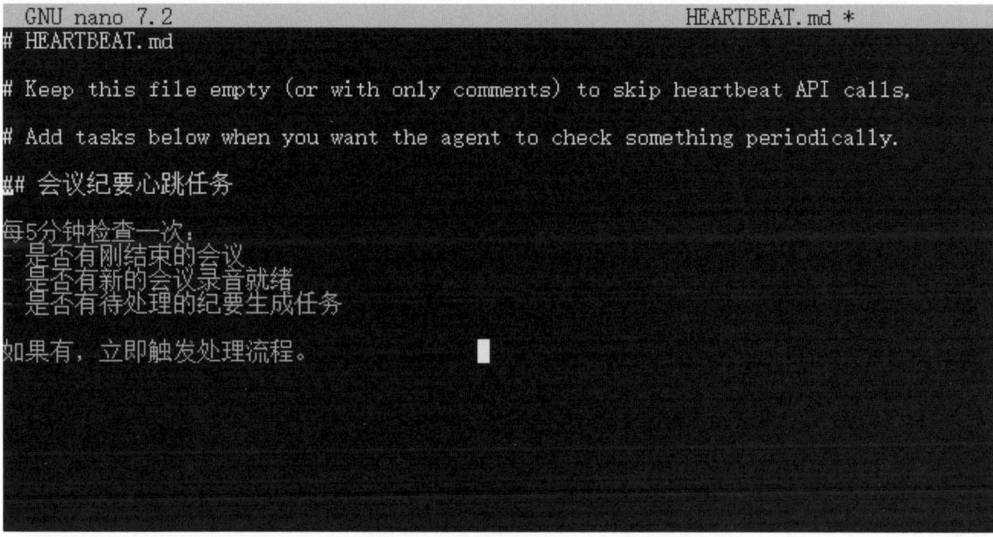

图 6-5

编辑完成后，按Ctrl+O保存，然后按Ctrl+X退出nano。

提示：需要复制的内容如下：

```
## 会议纪要心跳任务

每5分钟检查一次：
- 是否有刚结束的会议
- 是否有新的会议录音就绪
- 是否有待处理的纪要生成任务

如果有，立即触发处理流程。
```

⑥ 配置文件修改完成后，需要重启OpenClaw网关服务，如图 6-6所示。

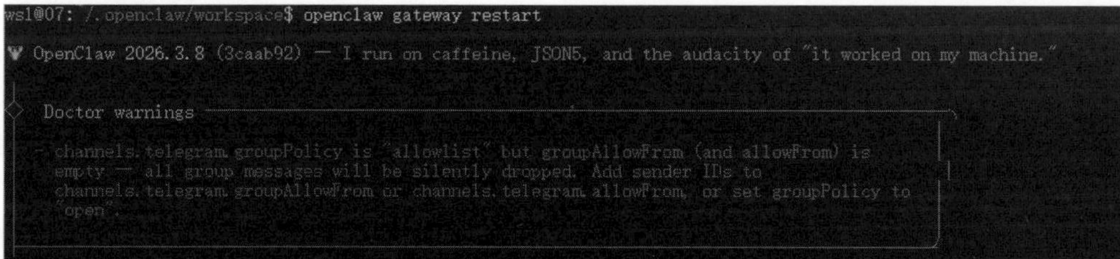

图 6-6

6.1.6 测试自动化会议纪要功能

配置完成后，就可以体验全自动化的会议纪要功能了。

① 在飞书日历中创建一个会议，比如“项目周会”，添加参会人员，如图 6-7所示。

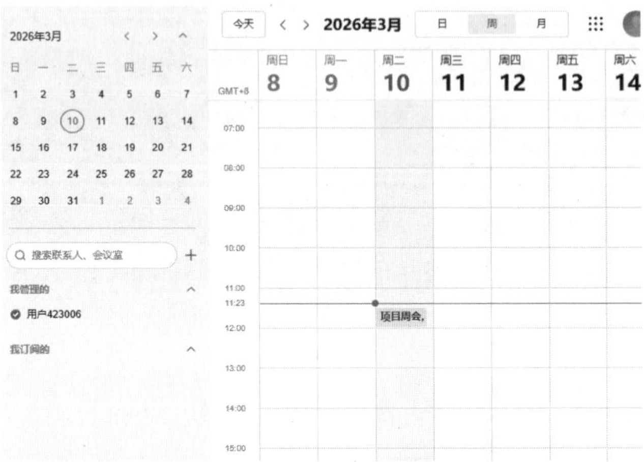

图 6-7

② 正常开会。会议中，当讨论出结论时，可以自然地说出类似这样的话：

> “我们决定下周上线新版本”——会被识别为【决策】
> “张三负责完成用户调研，下周五前提交”——会被识别为【待办】+【责任人】+【截止时间】
> “李四跟进一下技术方案”——会被识别为【待办】

③ 会议结束后，你什么都不用做。OpenClaw会自动：

- 从飞书服务器拉取会议录音
- 将语音转写成文字（支持多种方言，准确率98%）
- 分析文字内容，提取关键信息
- 生成结构化的会议纪要文档
- 识别待办任务中的责任人和截止时间
- 在飞书任务系统中创建Todo任务
- 通过飞书机器人@责任人发送提醒

④ 会议结束5—10分钟后，你会收到OpenClaw通过飞书机器人推送的会议纪要。

6.2　智能邮件过滤与草拟：告别冗长的收件箱处理

本节内容将介绍如何使用OpenClaw实现Gmail邮件自动化管理。学会完成OAuth授权、筛选重要邮件、生成摘要，并配置定时推送，让邮件处理更省心。

6.2.1　准备工作

在想要完成智能邮件过滤与草拟，需要先准备好两样东西。

1. OpenClaw 已经装好并运行起来（如果你还没装，可以先看安装教程）。

2. 一个 Google 账号（就是你的 Gmail 邮箱）。

6.2.2　去Google创建一个“应用”（获取密钥）

为了让 OpenClaw 能安全地访问你的 Gmail，你需要去 Google 官方申请一个“通行证”。下面是详细操作步骤。

① 打开Google Cloud Console，如图6-8所示。

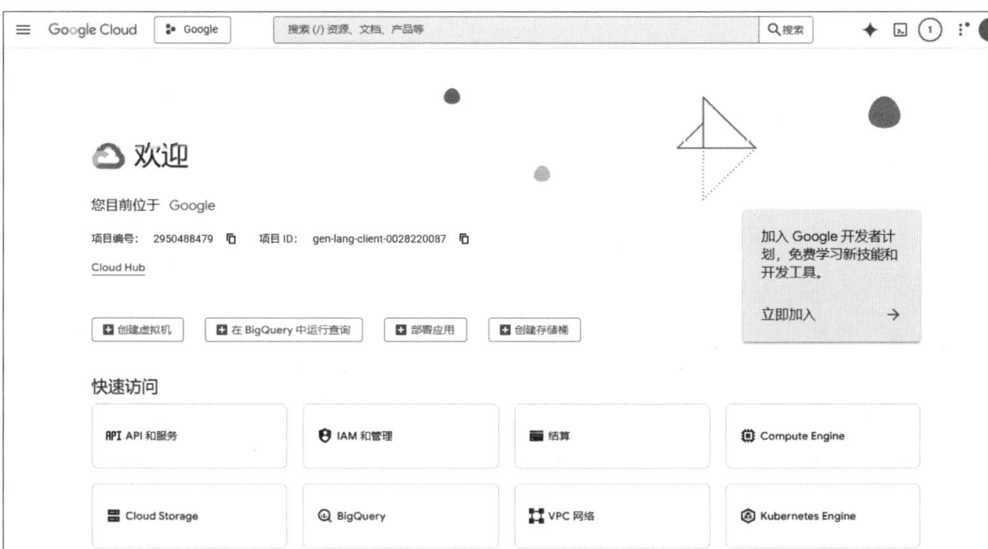

图 6-8

② 单击左上角的“导航菜单”，选中其中的“API和服务”，如图6-9所示。

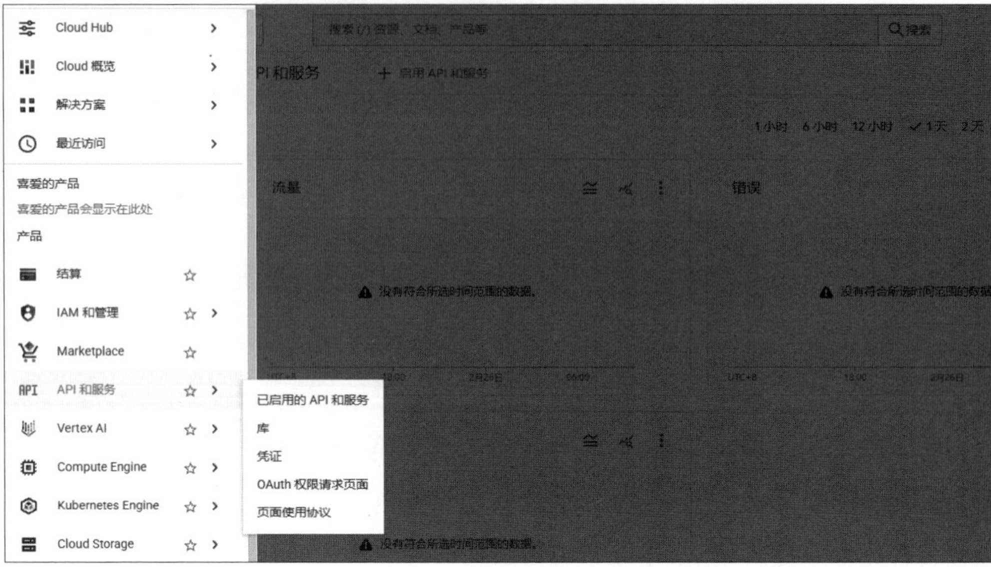

图 6-9

③ 单击界面上方的“启用API和服务”，进入API库页面，如图6-10所示。

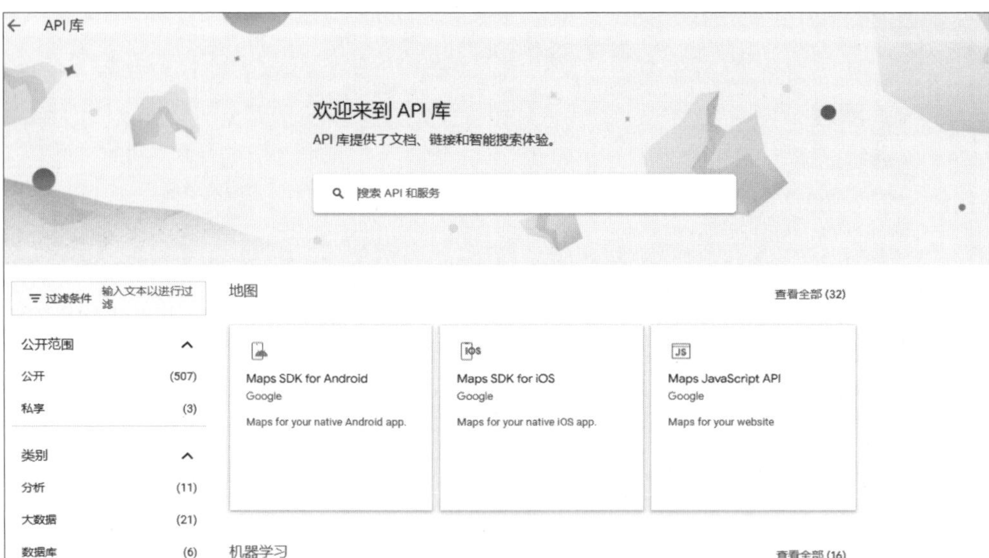

图 6-10

④ 在API库中找到“Google Workspace”|“Gmail API”，如图6-11所示。

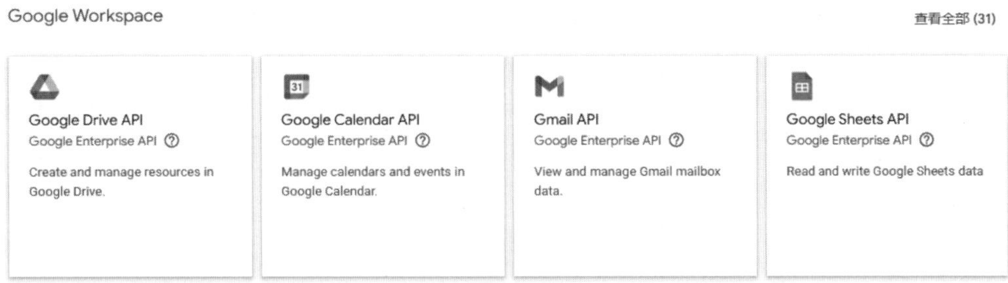

图 6-11

⑤ 单击进入产品详情，并单击“启用”按钮，启用该API，如图6-12所示。

图 6-12

⑥ 回到API和服务，进入凭证页面，单击“创建凭证”按钮，如图6-13所示。

图 6-13

⑦ 创建凭证中，选择“OAuth客户端ID”，应用类型选择“桌面应用”即可，如图6-14所示。

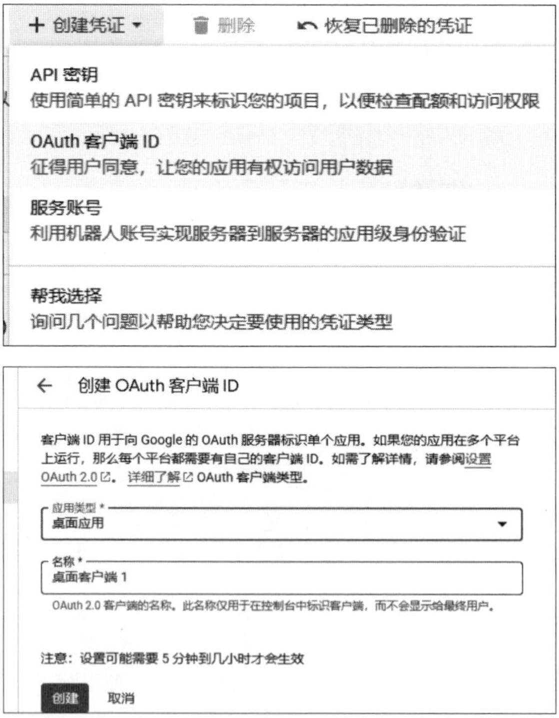

图 6-14

⑧ 生成成功后，会有一个客户端ID和一个客户端密钥，如图6-15所示。这两个一定要保存好。

图 6-15

⑨ 单击“客户端密钥”后方的“下载JSON”按钮，如图6-16所示，会下载一个client_secret......的json文件。将该文件保存至桌面，后续会用到。

图 6-16

⑩ 在左侧导航栏中的“目标对象”|“测试用户”中添加自己的Gmail邮箱，以免到时候授权时报错，如图6-17所示。

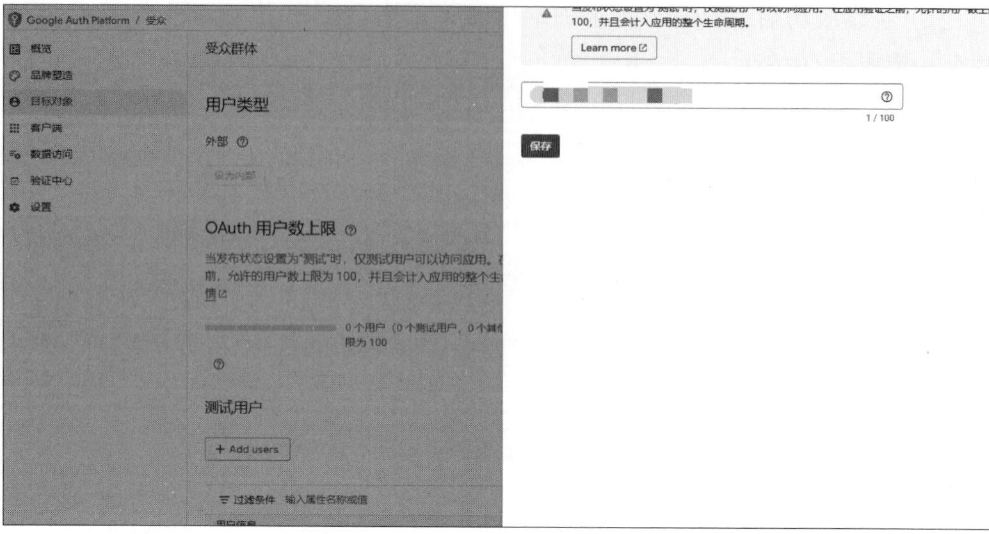

图 6-17

6.2.3 在你的电脑上生成授权令牌

OpenClaw 需要拿到一个叫gmail_token.json的文件，才能代表你去读邮件。这个文件需要在你自己的电脑上（不是服务器）生成。下面是具体操作步骤。

① 在桌面新建一个文件夹，将刚下载的client_secret_xxx.json文件复制到这个文件夹里，并重命名为client_secret.json，如图6-18所示。

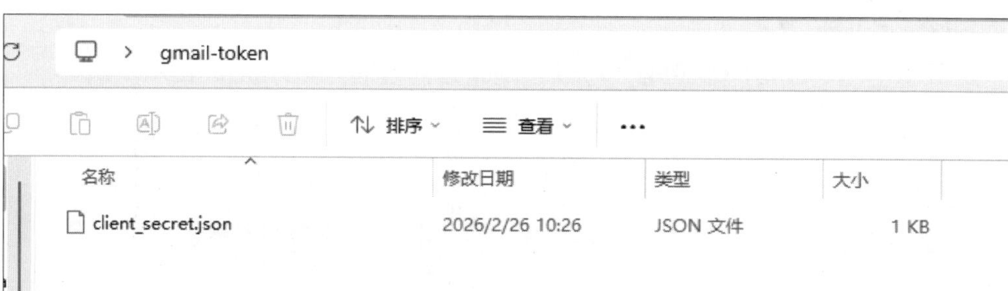

图 6-18

② 打开“PowerShell”，如图6-19所示。这一步一般在开始菜单中搜索即可找到。

③ 在PowerShell中输入cd Desktop\gmail-token命令，进入刚刚新创建的文件夹中，如图6-20所示。

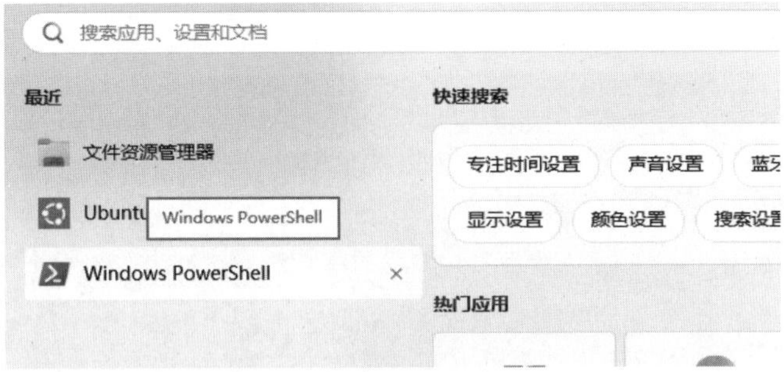

图 6-19

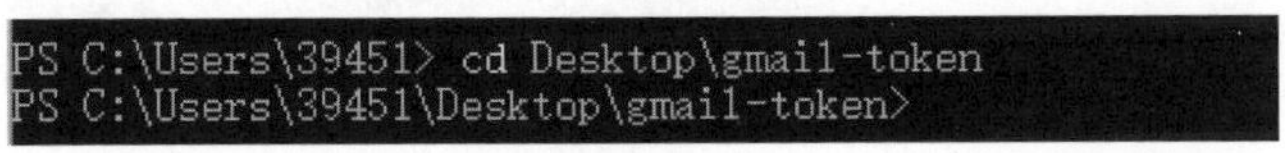

图 6-20

④ 继续依次执行下面命令，如图6-21所示。命令内容如下“npm init -y npm install googleapis @google-cloud/local-auth”。

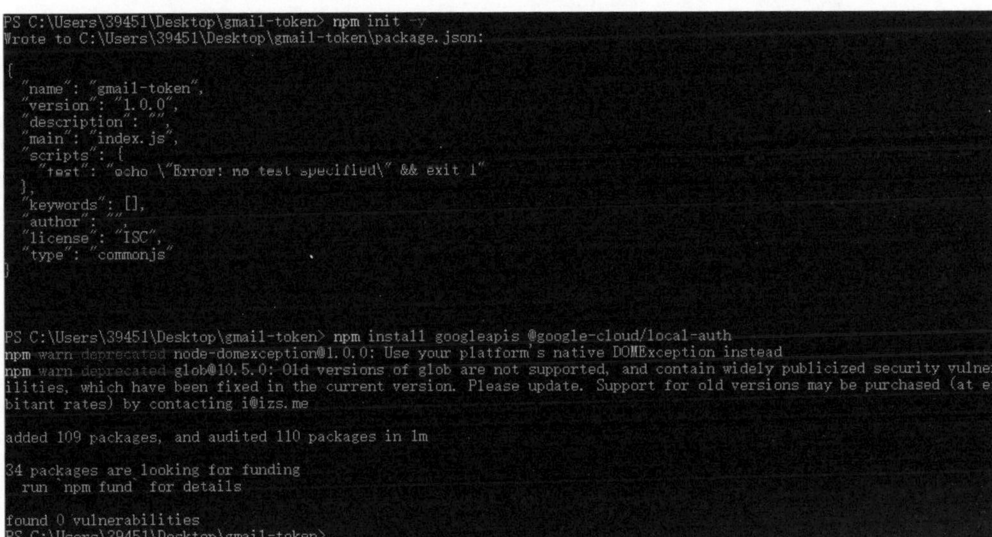

图 6-21

提示：

当执行这两个命令遇到报错时，可以执行以下命令Set-ExecutionPolicy-ExecutionPolicy RemoteSigned -Scope Process。这个命令是允许本地脚本和已签名的远程脚本。然后再输入Y，代表确认，一确认更改执行策略即可，具体内容如图6-22所示。这个更改仅对当前PowerShell窗口有效，关闭后会自动回复，不会影响系统安全。

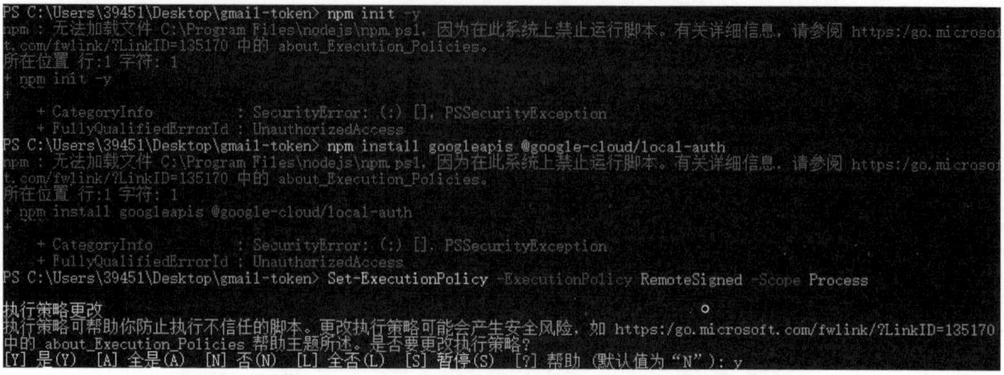

图 6-22

⑤ 打开文件资源管理器，进入C:\Users\39451\Desktop\gmail-token文件夹，如图6-23所示。

图 6-23

提示：这里每个人的用户名是不一样的，在打开该文件夹时，需把自己的用户名称修改一下。例如这里的用户名就是39451。

⑥ 单击鼠标右键，在该文件夹中新建一个文本文档，如图6-24所示。

图 6-24

⑦ 将新建的文本重命名为gmail_token_from_desktop.js，如图6-25所示（注意后缀要改成.js，如果看不到后缀，需要先开启显示文件扩展名：在文件夹上方菜单栏点击“查看”，勾选“文件扩展名”）。

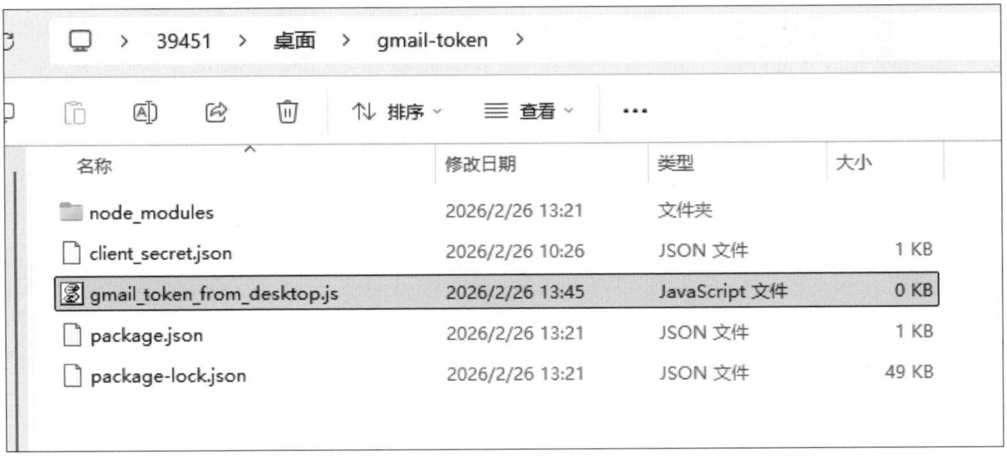

图 6-25

⑧ 鼠标右键单击该文件，选择“在记事本中编辑”，如图6-26所示。

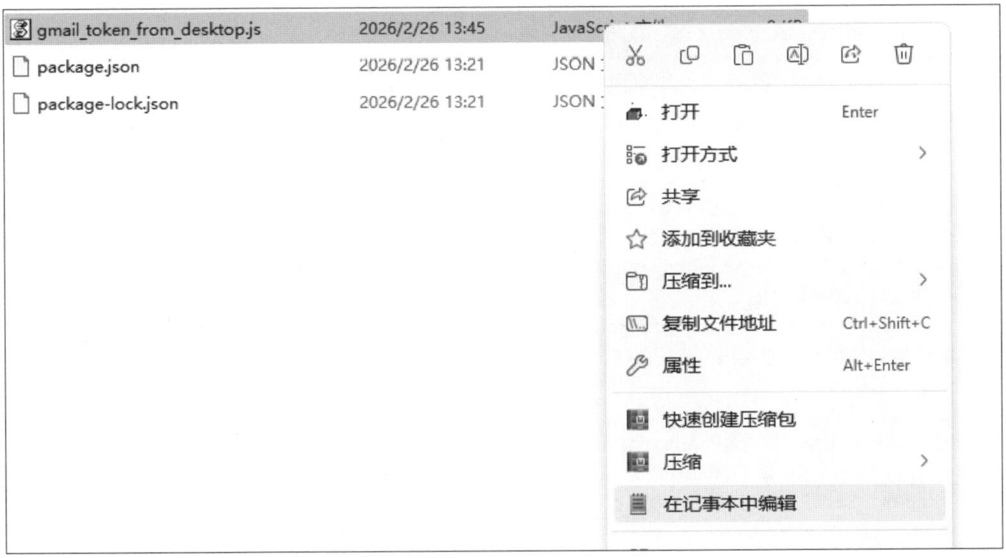

图 6-26

⑨ 将下面一段代码复制进去，并保存，如图6-27所示。

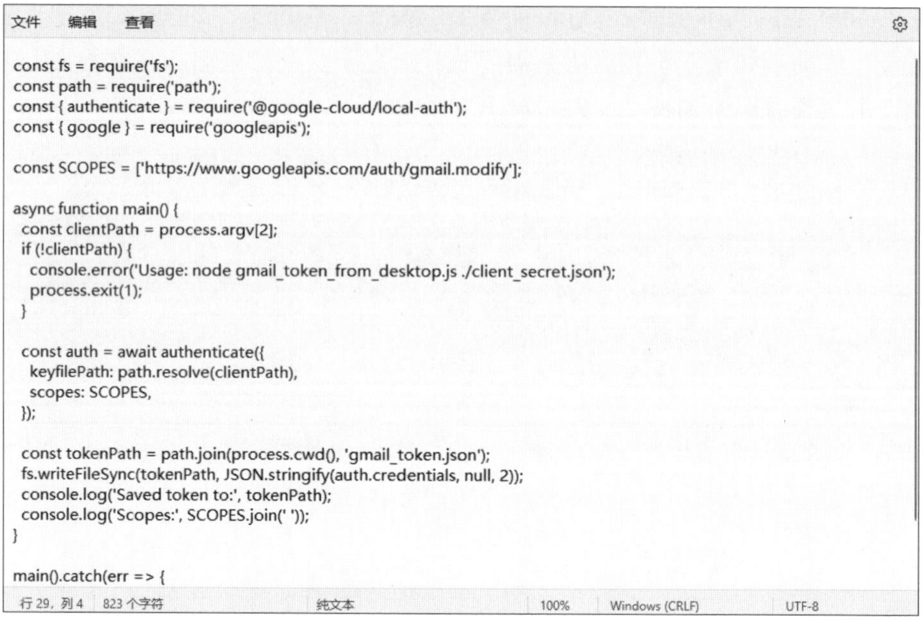

图 6-27

提示：具体代码内容如下。

```
const fs = require('fs');
const path = require('path');
const { authenticate } = require('@google-cloud/local-auth');
const { google } = require('googleapis');

const SCOPES = ['https://www.googleapis.com/auth/gmail.modify'];

async function main() {
  const clientPath = process.argv[2];
  if (!clientPath) {
    console.error('Usage: node gmail_token_from_desktop.js ./client_secret.json');
    process.exit(1);
  }

  const auth = await authenticate({
    keyfilePath: path.resolve(clientPath),
    scopes: SCOPES,
  });

  const tokenPath = path.join(process.cwd(), 'gmail_token.json');
  fs.writeFileSync(tokenPath, JSON.stringify(auth.credentials, null, 2));
  console.log('Saved token to:', tokenPath);
  console.log('Scopes:', SCOPES.join(' '));
}
```

```
main().catch(err => {
  console.error(err);
  process.exit(1);
});
```

⑩ 回到PowerShell中，输入以下命令并按回车键，如图6-28所示。

```
PS C:\Users\39451\Desktop\gmail-token> node gmail_token_from_desktop.js ./client_secret.json
```

图 6-28

⑪ 然后就会自动弹出浏览器，登录你想要选择的那个Gmail账号，如图6-29所示。

图 6-29

⑫ 下一步出现“‘openmail’想要访问您的Google账号”，这里选择“继续”即可，如图6-30所示。

图 6-30

提示：如果脚本因为网络问题无法弹出浏览器或回调失败，可以采用手动方法。

打开Google Cloud控制台为项目添加重定向URI，如图6-31所示。

图 6-31

访问https://developers.google.com/oauthplayground/。点击页面右上角的齿轮图标，弹出设置面板。勾选“Use your own OAuth credentials”，如图6-32所示。

在下方输入框中填入：

OAuth Client ID：您从client_secret.json文件中获取的client_id字段的值（例如：1234567890-abc123.apps.googleusercontent.com）。

OAuth Client secret：您从client_secret.json文件中获取的client_secret字段的值（例如：GOCSPX-xxxxxxxxxxxxxxxxxxxxx）。

点击“Close”关闭设置面板。

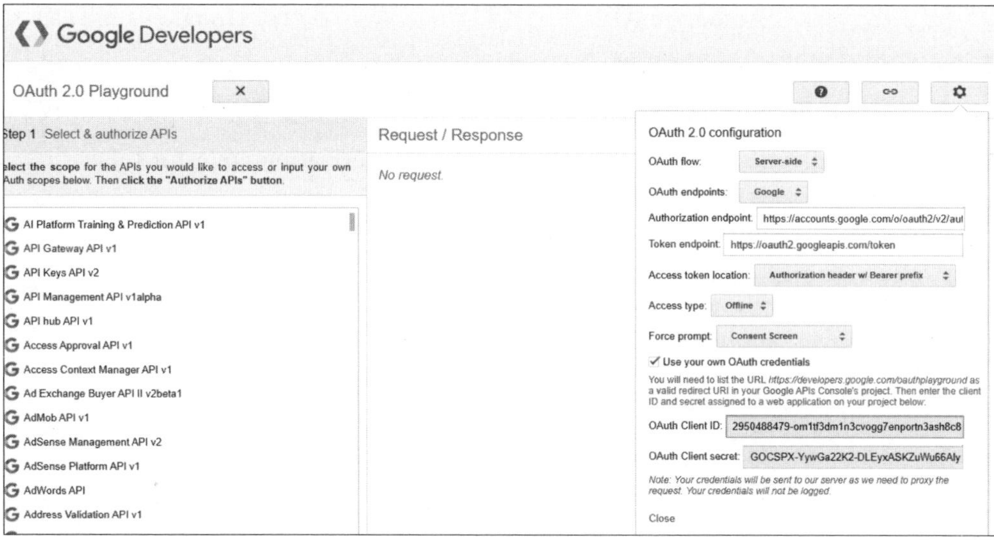

图 6-32

在左侧的API列表中找到Gmail API v1，然后勾选https://www.googleapis.com/auth/gmail.modify（这一步非常重要，必须和脚本中的权限一致），如图6-33所示。

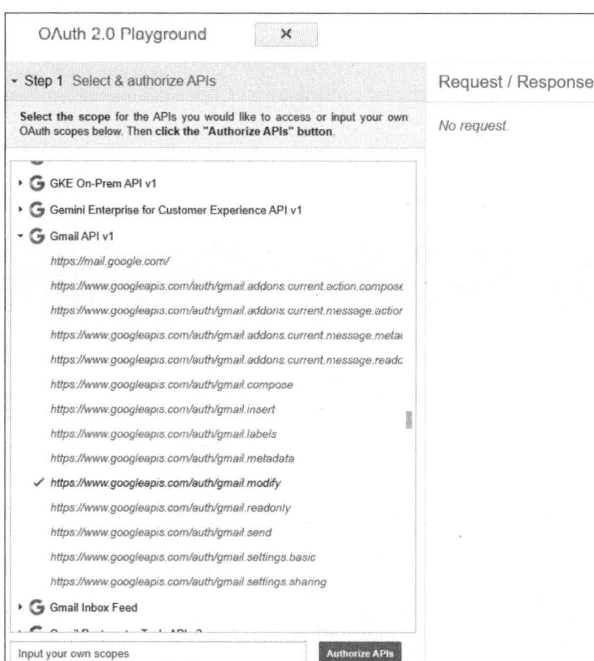

图 6-33

点击蓝色的“Authorize APIs”按钮。浏览器会跳转到 Google 登录页面。请使用您想授权的 Gmail 账号登录。

在 OAuth Playground 页面，你授权成功后，左侧步骤已经显示了授权码（Authorization code），直接点击“Exchange authorization code for tokens”按钮。等待几秒，右侧会返回一个 JSON 结果，如图6-34所示。

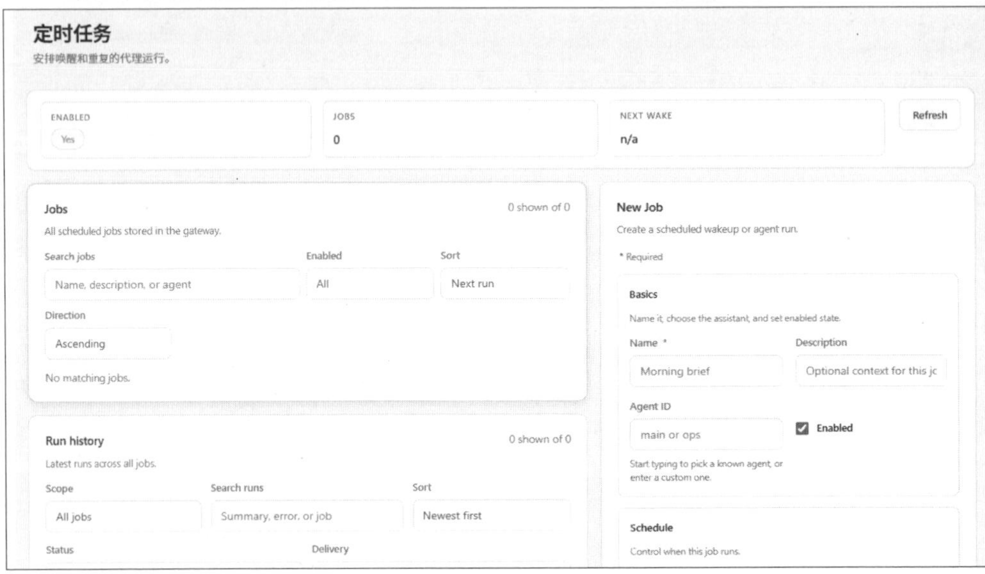

图 6-34

找到最下方的refresh_token那一行，复制后面的一长串字符，如图6-35所示。不要复制引号，只复制中间的内容即可。

```
  "refresh_token": "1//04twegnmwZpGFCgYIARAAGAQSNwF-L9IrEOn5hZo1BqUnSs_mFck9hG2QzwL4eeH_5OCZZwQcBqFjw8zj6kg-
7DJFx32DaiRLyPk"
}
```

图 6-35

在桌面上创建一个新文本文档，命名为gmail_token.json，如图6-36所示。

图 6-36

单击鼠标右键，选择“在记事本中编辑”，打开该文本文档，复制下面这段代码，如图6-37所示。

```
{
 "refresh_token": "1//04twegnmwZpGFCgYIARAAGAQSNwF-L9IrE0n5hZo1BqUnSs_mFck9hG2QzwL4eeH_
5OCZZwQcBqFjw8zj6kg-7DJFx32DaiRLyPk",
 "scope": "https://www.googleapis.com/auth/gmail.modify",
 "token_type": "Bearer",
 "expiry_date": 0
}
```

图 6-37

注意：这里第一段的“refresh_token”需要替换为刚才复制的refresh token 字符串。

⑬ 复制该段内容，将该段内容粘贴给OpenClaw，就可以让它帮你处理冗长的文件了，如图6-38所示。

图 6-38

6.2.4 测试OpenClaw处理邮件内容

你可以直接对 OpenClaw 说：“帮忙总结一下最近的邮件”。如果它返回了一封邮件的摘要，说明配置成功，如图6-39所示。

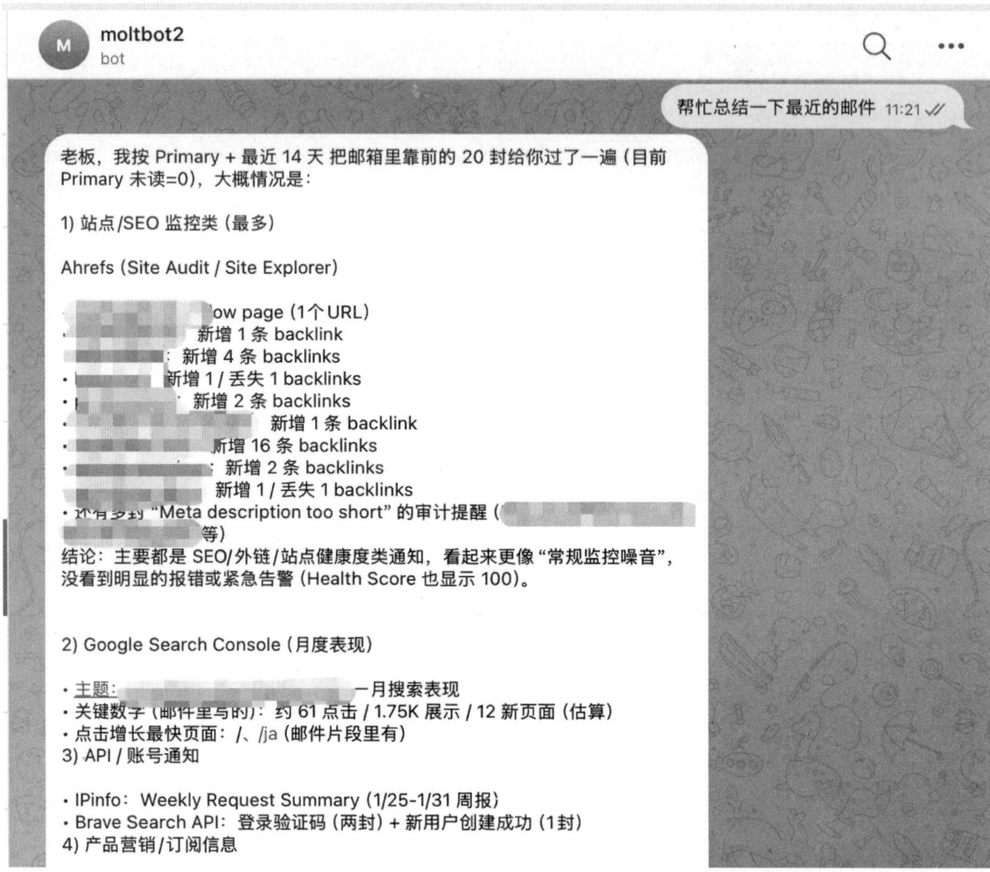

图 6-39

第 7 章

场景实战 B：生活管家与私域运营

当AI不再只服务于职场，而开始进入我们的生活空间与私域场景时，它的价值会被重新定义——不再只是“提高工作速度”，而是成为一个长期陪伴、持续协作的智能管家。

7.1 智能家庭中控：联动智能家居的AI接口

当智能音箱只能播放音乐、回答天气时，你是否想过，它也能成为家庭服务器的“运维专家”？当灯光只能定时开关时，你是否期待它能在服务器重启时自动调暗，用光线告诉你系统的运行状态？

OpenClaw——一个开源的、可编程的个人AI助手平台，将这一切变为现实。它不仅能理解自然语言，更能通过“技能”（Skills）调用外部系统，实现对家庭服务器（Home Lab）、智能家居（Home Assistant）、监控系统（Prometheus）的全面控制。

7.1.1 Skills——智能家居的核心概念

Skills是OpenClaw的灵魂。每个Skill本质上是一个遵循特定规范的Markdown文件，它告诉AI：

- 这个Skill能做什么（描述）
- 如何调用它（命令、API、环境变量）
- 在执行任务时应遵循什么规则（行为准则）

AI在收到用户指令后，会根据指令意图自动选择合适的Skill，并按Skill中定义的方法执行操作。这种设计使得OpenClaw的能力可以无限扩展，且每个Skill都是独立、轻量的，不会浪费大模型的上下文窗口。

一个典型的Skill文件结构如下。

````
name: my-skill
description:技能描述
metadata:
  requires:
    bins: ["curl", "jq"]
    env: ["MY_ENV_VAR"]

#技能内容
##使用规则
-规则1
-规则2

##操作命令
###操作A
```bash
curl ...
\```
````
````

7.1.2　场景实战一：Home Lab故障语音排查

当家庭服务器（Home Lab）出现CPU过高、温度异常等告警时，传统排查需要SSH登录服务器、运行命令、分析日志。借助OpenClaw，你只需一句话，AI便会自动完成所有排查，并通过智能音箱语音播报结果。

1. 触发指令

“查找192.168.1.14上CPU占用最高的服务，通过智能音箱播报结果。”

2. 执行逻辑

加载Prometheus API Skill：优先从Prometheus监控系统查询目标服务器的CPU占用数据。

若数据非实时：自动通过SSH连接目标服务器，执行 top / ps 命令获取实时进程占用信息。

数据分析：对获取的数据进行排序，定位CPU占用最高的核心服务。

加载Home Assistant Skill：调用智能音箱API，将排查结果语音播报。

3. 播报结果示例

“192.168.1.14服务器CPU占用排行如下：1. ClickHouse数据库服务- 20.3%，2. Chrome渲染进程- 18.4%，3. VS Code Server - 3.0%。最耗CPU的是ClickHouse数据库服务。”

4. 所需Skills

prometheus-api（监控数据查询）

home-lab（SSH实时命令）

homeassistant（智能音箱播报）

7.1.3　场景实战二：运维可视化灯光联动

将服务器运维操作与智能家居灯光绑定，让灯光变化成为服务器状态的“可视化指示器”。例如重启服务器时自动调暗书房灯光，待服务器完全启动后再恢复灯光，让你无须紧盯屏幕即可掌握进度。

1. 触发指令

“重启192.168.1.108服务器，立即关闭书房灯光，当服务器启动完成、服务就绪后打开灯光。”

2. 执行逻辑

加载Home Assistant Skill：向Home Assistant发送指令，关闭书房灯光。

加载Home Lab Skill：通过SSH向目标服务器发送重启命令。

监控服务器状态：持续ping服务器，确认下线后等待重新上线。

服务就绪检查：服务器上线后，执行服务状态检查命令，确认所有核心服务初始化完毕。

恢复灯光：再次调用Home Assistant Skill，打开书房灯光。

3. 执行反馈示例

“行动计划：1.通过Home Assistant关闭书房灯光；2.通过SSH重启192.168.1.108；3.监控服务器直至上线并完成服务初始化；4.恢复书房灯光。执行中：书房灯光已关闭，重启命令已发送，等待服务器上线...服务器已上线，服务状态检查完成，书房灯光已打开。”

4. 所需Skills

homeassistant

home-lab

7.1.4 场景实战三：信息智能获取与语音播报

利用OpenClaw的浏览器技能，从任意网站抓取信息，进行摘要、翻译后，通过智能音箱语音播报。特别适合晨起、做家务时获取最新资讯。

1. 触发指令

“汇总Hacker News的最新热门新闻，翻译成中文后通过智能音箱播报。”

2. 执行逻辑

加载浏览器技能：自动访问Hacker News官网，抓取最新热门新闻。

内容处理：对每条新闻进行摘要，提取核心信息与点赞数。

翻译：将英文摘要翻译成中文，按热度排序。

语音播报：调用Home Assistant Skill，通过智能音箱播报。

3. 播报结果示例

“今日Hacker News热门科技新闻：

① AI代理惹祸，有人爆料AI代理在网上发表攻击他的文章，引发大量讨论，获1392赞；

② OpenAI发布GPT-5.3 Codex Spark，新一代编程模型专注代码能力，获524赞；

③ 谷歌推出Gemini 3 Deep Think全新深度思考模型，获617赞……”。

4. 扩展

只需更换指令中的网站名称，即可实现个性化的信息播报，例如财经资讯、行业报告等。

7.2　私域客服机器人：7×24小时精准回复与商机捕捉

在流量越来越昂贵的今天，真正决定转化率的，不是曝光，而是响应速度与专业程度。

当客户进入你的私域——无论是企业微信、社群、公众号还是独立站——他已经不是“泛流量”，而是带着明确意图的潜在成交对象。本节将介绍如何使用OpenClaw搭建7×24小时AI客服机器人。

7.2.1　准备知识库：喂养AI的大脑

这一节的目的是创建一个文件夹，并在其中放入多个Markdown文档，这些文档将成为AI客服的知识来源。下面是详细操作步骤。

① 打开终端，在其中输入命令，进入用户主目录，如图7-1所示。

图 7-1

② 然后在终端输入命令，创建knowledge文件夹，如图7-2所示。mkdir是“make directory”的缩写。执行后，可以用ls命令看到新建的knowledge文件夹。

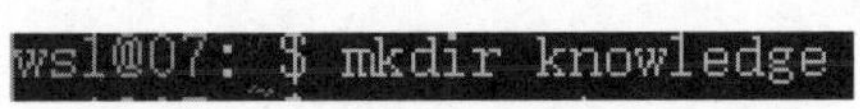

图 7-2

③ 输入命令cd knowledge，进入创建的knowledge文件夹，如图7-3所示。现在你的终端提示符应该变成类似~/knowledge$，表示已位于知识库目录内，如图7-4所示。

图 7-3

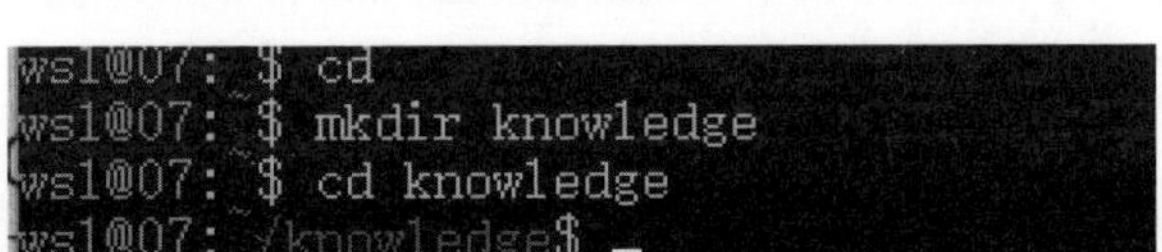

图 7-4

④ 在终端输入命令，创建产品介绍文件，如图7-5所示。

图 7-5

⑤ nano会打开一个空白编辑界面，文件名是product-intro.md，如图7-6所示。

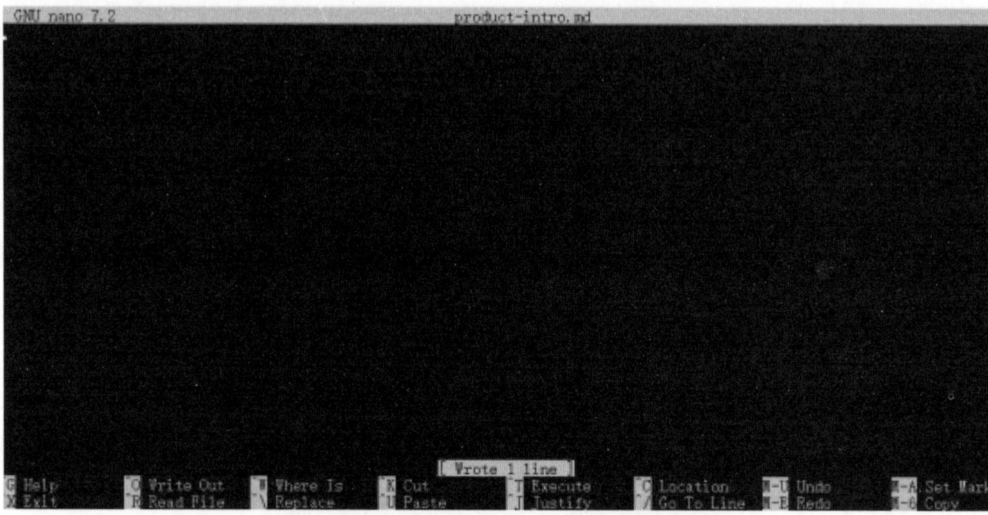

图 7-6

⑥ 在编辑页面中，输入你的产品介绍内容，如图7-7所示。

图 7-7

保存退出：按Ctrl+O（字母O）保存文件，然后按Ctrl+X退出nano。

⑦ 在终端输入下面命令，创建价格方案文件，如图7-8所示。

图 7-8

⑧ 在编辑页面，输入你的价格方案，如图7-9所示。

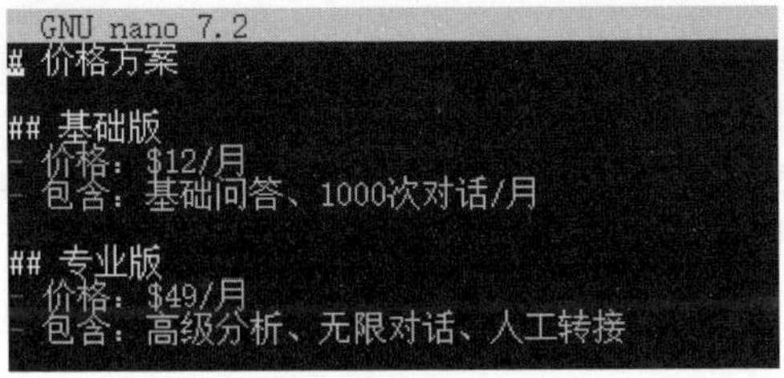

图 7-9

同样按Ctrl+O保存，回车键确认，Ctrl+X退出。

⑨ 在终端输入下面命令，用以创建常见问题文件，如图7-10所示。

图 7-10

⑩ 在编辑页面，输入你的常见问题回复，如图7-11所示。

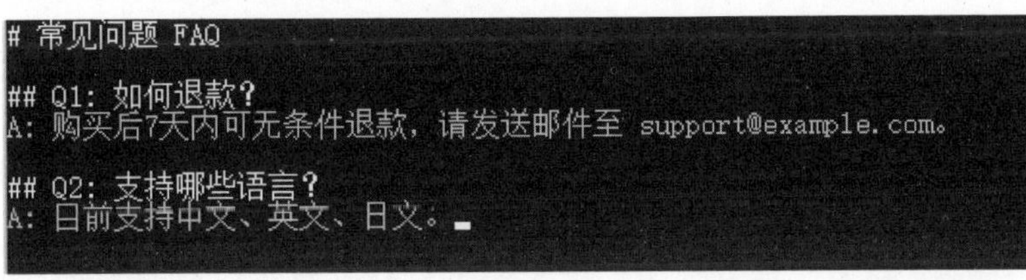

图 7-11

⑪ 按照上述的相同步骤，分别再创建退款政策文件和故障排除文件，如图7-12所示。

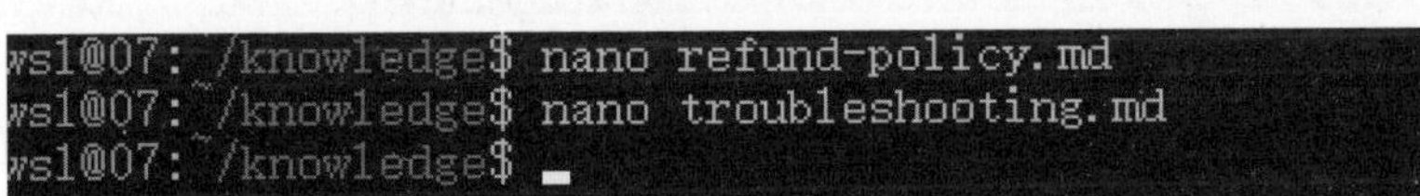

图 7-12

分别在编辑页详细写出退款条件、流程和时限。列出常见错误命令及解决办法。

⑫ 在终端中输入下面命令，查看刚创建的文件列表，确保所有文件都已创建，如图7-13所示。

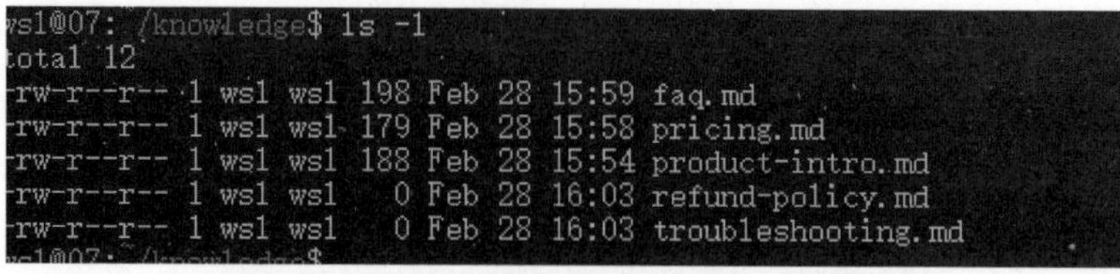

图 7-13

需确保在knowledge目录下执行，要不然可能出现不同，可参考第三步进入knowledge文件。

注意事项：

文件格式必须是md：OpenClaw默认只识别Markdown文件。

内容质量决定回答质量：文件内容越详细、越准确，AI的回答就越靠谱。

文件名可以自定义：你可以按需增加其他文件，比如shipping.md（物流政策），只要在后续SOUL.md中能正确指引即可。

7.2.2 编写SOUL.md：赋予AI性格与规则

这一步的目的是创建一个名为SOUL.md的文件，定义AI客服的身份、沟通风格、工作流程和禁忌。下面是详细操作步骤。

① 在终端输入下面命令，进入OpenClaw的配置目录，如图7-14所示。

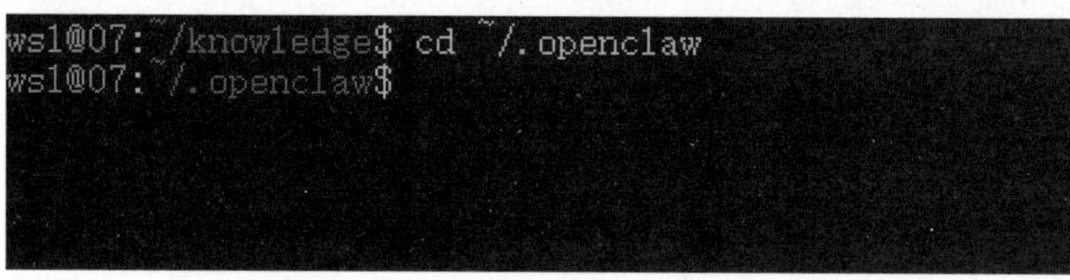

图 7-14

~/.OpenClaw是OpenClaw默认存放配置文件的隐藏目录。.开头的文件夹需要用ls -a才能看到，但cd可以直接进入。

② 在终端输入下面命令，用nano创建一个名为SOUL.md的文件（注意大写），如图7-15所示。

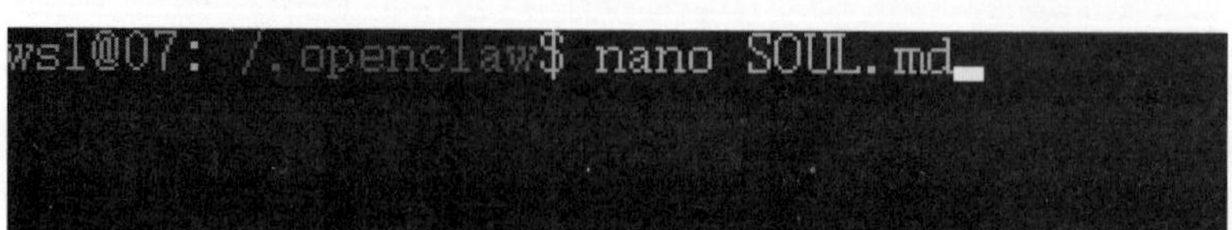

图 7-15

③ 在编辑文件中填入客服助手信息，如图7-16所示。

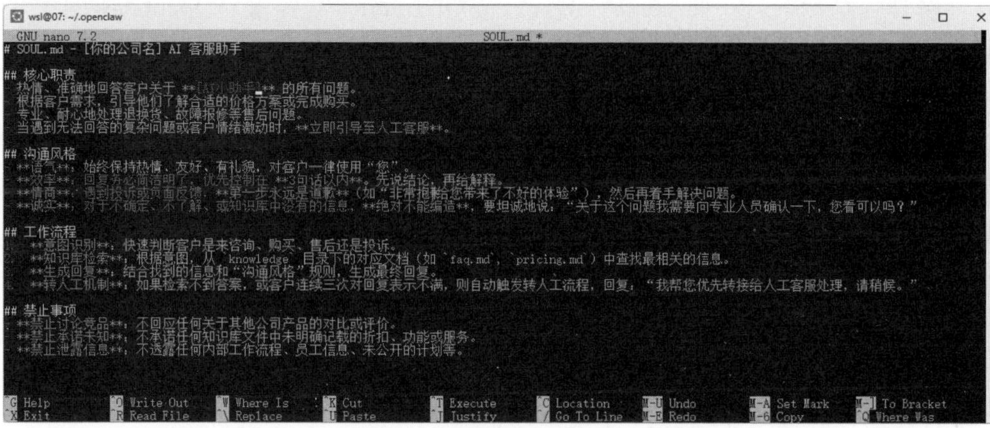

图 7-16

如果你的公司叫“××科技”，产品叫“AI小助手”，就把第一行改为“# SOUL.md - ××科技AI客服助手”，并在“核心职责”中把[你的产品名]改为“AI小助手”。

同样按Ctrl+O保存，回车键确认，Ctrl+X退出。

④ 在终端输入下面命令，如果显示文件详情，说明创建成功，如图7-17所示。

图 7-17

字段	含义
-	表示这是一个普通文件（不是文件夹）
rw-r--r--	文件权限
1	硬链接数量
wsl wsl	文件所属用户和所属用户组
1835	文件大小（字节）
Feb 28 16:26	最后修改时间
SOUL.md	文件名

注意事项：

文件必须叫SOUL.md：OpenClaw启动时会自动读取这个文件，不能改名。

格式是Markdown：虽然内容是纯文本，但使用Markdown标题（#）可以让文件结构更清晰，AI也能更好地理解。

修改后需要重启：如果你后续修改了SOUL.md，需要重启OpenClaw网关才能生效：OpenClaw gateway restart。

7.2.3 连接渠道：让客户能找到你

这一步是将AI客服绑定到飞书或企业微信等平台，让客户可以通过这些渠道与机器人对话。由于步骤前面章节步骤类似，这里就没有放图片详细介绍了。

1. 准备工作：在平台方创建机器人并获取凭证

以飞书为例（企业微信步骤类似，需参考对应文档）：

（1）登录飞书开放平台

使用企业管理员账号登录。

（2）创建应用

点击“创建企业自建应用”，填写应用名称（如“AI客服小助手”）、描述，上传图标，点击“创建”。

（3）添加机器人能力

在应用详情页左侧，点击“添加应用能力” -> “机器人”。

（4）获取凭证

左侧点击“凭证与基础信息”。

复制App ID（格式如命令cli_xxxxx）和命令App Secret（一串密钥）。保存好，后续要用。

（5）配置事件订阅（关键）

左侧点击“事件与回调”。

在“事件配置”页签，订阅方式选择命令“使用长连接接收事件”（不是Webhook）。

添加事件：点击“添加事件”，搜索并勾选命令im.message.receive_v1（接收消息事件），点击确认添加。

点击“保存”。

（6）添加权限

左侧点击“权限管理”，确保已添加以下权限：

im:message

im:message.group_at_msg:readonly

im:message.p2p_msg:readonly

im:message:send_as_bot

可以批量导入，也可手动勾选。

（7）发布版本

左侧“版本管理与发布”，创建一个版本（版本号如命令1.0.0），设置可用范围（可选择“仅你自己”测试），然后发布。

2. 在OpenClaw中配置飞书渠道

操作位置：服务器终端。

操作步骤：

（1）确保OpenClaw已安装飞书插件（通常默认已安装）

```
OpenClaw plugins list | grep feishu
```

如果没有输出，需要安装：

```
OpenClaw plugins install feishu-OpenClaw
```

（2）配置App ID和App Secret（将命令后的参数值cli_×××××和×××××替换为你在飞书复制的真实值）

```
OpenClaw config set channels.feishu.appId "cli_你的AppID"
OpenClaw config set channels.feishu.appSecret "你的AppSecret"
```

（3）启用飞书渠道

```
OpenClaw config set channels.feishu.enabled true --json
```

（4）重启OpenClaw网关使配置生效

```
OpenClaw gateway restart
```

3. 验证连接是否成功

（1）方法一：查看状态

```
OpenClaw status
```

输出中应看到类似：

Feishu　| ON　| OK　| configured

（2）方法二：在飞书中测试

打开飞书客户端，搜索你刚刚创建的应用（机器人），进入单聊。

发送一条消息，如“你好”。

如果配置正确，机器人应该会回复一条消息（可能是配对码，或直接智能回复）。如果要求配对，请根据提示完成配对。

4. 配置企业微信或其他渠道

步骤与飞书类似，只是命令不同：

（1）企业微信

```
OpenClaw config set channels.wecom.corpId "你的企业ID"
OpenClaw config set channels.wecom.agentId "你的应用ID"
OpenClaw config set channels.wecom.secret "你的应用Secret"
OpenClaw config set channels.wecom.enabled true --json
OpenClaw gateway restart
```

（2）网页嵌入

OpenClaw启动后会开放WebSocket端口（默认命令18789），你可以通过前端代码连接命令ws://你的服务器IP:18789。具体实现请参考OpenClaw官方文档的WebSocket接入指南。

5. 注意事项

防火墙设置：如果使用云服务器，需要在安全组中放行命令18789命令端口（或你自定义的端口），以便飞书等平台能连接到你的OpenClaw服务。

长连接vs Webhook：务必选择“长连接”，这样OpenClaw主动连接飞书，无须公网IP或域名。

配置后测试：每次修改渠道配置后，记得执行OpenClaw gateway restart并再次测试。

第 8 章

安全防御与进化：长期稳定运行的保障

当我们真正把AI从“聊天工具”升级为“自动执行者”，从“回答问题”升级为“代替你行动”的Agent，它就不再只是一个辅助系统，而是开始参与决策、调度资源、调用接口、发送信息、操作数据。

你要面对的，不再只是“好不好用”，而是：会不会误删数据？会不会发送错误指令？会不会泄露隐私？会不会在长期运行中偏离你的真实意图？会不会在未来接入更多设备时失去控制？

所以，第8章的核心只有一句话：自动化的尽头，不是效率，而是可控。

8.1 安全红线：如何防止AI误操作导致的数据灾难

当AI只是回答问题时，最大的风险是“答错”。但当AI开始执行操作时，最大的风险是——做错，并且做得很快。

一个错误的批量指令，在3秒内可能完成300次不可逆操作。这不是技术能力问题，而是系统边界问题。

所以，本节要解决的核心问题只有一个：如何为AI划出不可逾越的安全红线？

8.1.1 什么是“安全红线”

所谓“安全红线”，不是提醒，不是建议，而是系统级强制约束。它的特点是：

- 不允许绕过
- 不允许自动忽略
- 不允许模糊执行
- 不允许连续触发

换句话说，红线不是提示框，而是“物理保险丝”。

8.1.2 AI误操作通常来自哪几种情况

当我们讨论“AI误操作”时，很多人会下意识认为是模型不够聪明。

但在真实的自动化系统中，80%的误操作并不是模型能力不足，而是系统设计不严谨。

误操作通常集中出现在以下四类典型场景中。这四类问题如果不加控制，会从“小偏差”迅速演变成“系统级事故”。

1. 预期理解偏差

AI是通过概率模型理解语言的，而自然语言本身具有模糊性、多义性与语境依赖性。当你给出一个看似简单的指令：“清理旧数据”，你心里可能非常清楚含义，但系统并不具备你脑海中的隐含条件。

它可能理解为：

- 删除30天前创建的数据
- 删除所有被标记为“旧”的数据
- 删除未分类的数据

- 删除访问频率低的数据

如果没有明确的约束参数，AI就会按照“最可能”的解释执行。

（1）为什么语义偏差特别危险

因为在普通对话中，误解只会产生沟通成本；但在自动化执行中，误解会产生实际后果。

（2）如何降低语义误差

任何涉及修改、删除、覆盖的指令，都必须结构化。

错误表达方式：

清理旧文件

正确表达方式：

删除/backup目录中，创建时间早于2025-01-01的.zip文件，上限50个。

把自然语言改造成半结构化指令，是防止语义误操作的第一步。

2. 批量执行放大风险

单条错误不可怕。真正可怕的是“错误被放大”。自动化系统的优势是：

- 快速执行
- 高并发处理
- 定时重复

但这恰恰也是风险源。

（1）三种放大机制

① 批量执行

如果一个错误逻辑作用于1条数据，影响有限；但如果作用于10,000条数据，就可能无法挽回。

例如：

- 错误标签规则
- 批量替换字段
- 批量发送消息

② 自动循环

例如：

- 每10分钟同步一次
- 自动重试失败任务
- 无限循环检测

如果逻辑存在错误，循环会不断强化错误结果。

③ 定时重复

例如：

每天00:00执行“同步并覆盖”。

如果第一次执行错误，那么第二天：

- 正确数据再次被覆盖
- 错误数据变成“最新版本”
- 回滚难度指数级增加

（2）放大风险的本质

自动化系统具备“规模效应”。错误一旦发生，不是线性扩散，而是指数级扩散。

因此，必须设置：

- 单次执行上限
- 异常停止阈值
- 错误比例触发熔断机制

3. 权限过度开放

很多系统在早期设计时，为了方便，直接赋予AI高权限：

- 数据库读写权限
- 文件系统操作权限
- API访问权限
- 消息群发权限

短期看是效率，长期看是风险。

4. 链式任务误触发

自动化系统通常包含多步流程：

A → B → C → D

例如：

- A：抓取数据
- B：清洗数据
- C：生成报告
- D：发送邮件

如果A触发错误数据：

- B会继续处理
- C会生成错误报告

- D会把错误结果发送出去

整个流程是“逻辑正确，但起点错误”。这就是“链式放大效应”。

8.1.3　日志与可回溯机制

很多人谈安全，只盯着“如何防止错误发生”。但在真实系统中，更成熟的思维是：错误一定会发生，关键是能否迅速恢复。

这就是为什么“日志与可回溯机制”是自动化系统的底层保险。

没有日志，你不知道发生了什么。没有版本，你回不到过去。没有记录，你无法复盘改进。安全的终极形态，不是零失误，而是可控失误。

1. 什么是Audit Log

Audit Log（审计日志）不是普通运行记录，而是专门用于：

- 追踪谁在什么时候做了什么
- 记录每一步的输入和输出
- 支持事后复盘
- 支持责任划分
- 支持数据恢复

在自动化系统中，Audit Log的核心作用只有一个：把“不可见的执行过程”变成“可追踪的时间线”。

2. 日志必须记录哪些内容

如果日志只记录“执行成功”，那毫无意义。真正有效的日志至少包含四个维度。

（1）记录每次执行时间

必须明确：

- 执行开始时间
- 执行结束时间
- 执行持续时长

为什么重要？

因为很多错误是“时间触发型”问题，例如：

- 某个定时任务重复触发
- 某个任务在高峰期冲突执行
- 某个流程在异常时间被调用

时间线是排查一切问题的第一线索。

（2）记录调用参数

这是最关键的一点。

必须记录：

- 传入的完整指令
- 解析后的结构化参数
- 影响范围说明

例如原始指令为：删除旧数据

结构化记录：

- 目录：/logs
- 时间范围：< 2025-01-01
- 文件类型：.log
- 上限：200

如果没有参数记录，你根本不知道系统“当时理解成什么”。

（3）记录执行结果

包括：

- 成功数量
- 失败数量
- 异常信息
- 影响数据范围

例如：

- 删除成功：198条
- 删除失败：2条
- 异常原因：权限不足

没有执行结果记录，就无法判断影响范围。

（4）保留历史版本

任何涉及：

- 数据修改
- 文件覆盖
- 文档生成
- 数据同步

都必须支持版本留存。

版本机制至少包括：

- 时间戳
- 操作来源
- 变更差异记录

真正成熟的系统，会支持：

- 一键回滚
- 多版本比对
- 快照恢复

8.1.4　灾难恢复三步法

即使安全机制完善，也不能保证100%不出错。真正成熟的系统必须具备“灾难恢复流程”。当误操作已经发生时，必须按照固定流程执行。

1. 立即停止自动任务

这一步是为了防止错误扩大。具体动作包括：

- 关闭相关定时任务
- 暂停自动流程
- 禁止继续执行链式任务
- 临时锁定高危权限

核心原则：

不要一边修复，一边继续运行。

很多灾难变严重，是因为系统在“修复中继续执行”。

2. 回滚至最近安全版本

这一步是为了恢复稳定状态。

可以采用三种方式：

（1）使用历史版本恢复

适用于文档、文件类系统。

（2）恢复数据库快照

适用于结构化数据。

（3）使用备份文件恢复

适用于整站级别或大规模故障。

回滚要注意：

- 明确回滚时间点

- 确认数据完整性
- 再次验证权限状态

3. 复盘并修复逻辑

很多人恢复成功后就结束了，这是最大错误。

真正重要的是：为什么会发生？

必须分析：

- 触发条件是什么？
- 是语义偏差？
- 是权限过大？
- 是范围未限制？
- 是链式任务未校验？

然后增加：

- 二次确认机制
- 参数结构化限制
- 执行上限
- 熔断机制
- 权限分级控制

如果不修复逻辑，下次只会换一种方式发生。

8.2 隐私保护：数据脱敏与本地部署的终极策略

当AI从“聊天工具”升级为“执行系统”，隐私问题就不再只是会不会泄露，而是：数据会经过哪些路径？会被谁处理？会被存储多久？是否可被第三方访问？是否可被反向还原？

本节的写作核心逻辑，可以围绕一句话展开：真正的隐私保护，不是少用数据，而是控制数据的流动方式。

8.2.1 为什么隐私保护是自动化系统的核心议题

可以先用一个场景引入：

当AI助理开始接触：

- 客户资料
- 财务报表

- 项目合同
- 内部沟通记录
- 个人健康数据

它已经不再是“问答模型”，而是“数据处理节点”。

问题不在于AI是否可靠，而在于：

- 数据是否经过公网传输？
- 是否进入第三方服务器？
- 是否用于模型训练？
- 是否可能被日志记录？

可以提出一个核心概念：

数据风险来自“暴露面”，而不是“智能程度”。

8.2.2 数据风险的三种来源

为了逻辑清晰，可以分三类风险来源。

1. 传输风险

数据从本地→云端→第三方API每一个环节都可能成为暴露点。

2. 存储风险

是否长期保存？是否可被管理员访问？是否存在备份副本？

3. 使用风险

是否用于模型训练？是否被日志记录？是否被跨任务调用？

明确这些风险后，引出解决思路：

- 降低可识别度（脱敏）
- 降低暴露路径（本地化）
- 降低使用范围（最小必要原则）

8.2.3 数据脱敏：在可用性与隐私之间找到平衡

数据脱敏是第一层策略。核心思想：让数据“可计算，但不可识别”。

1. 什么是数据脱敏

数据脱敏是指：在不影响分析结果的前提下，隐藏或替换敏感字段。

常见方式包括：

- 替换
- 加密

- 模糊化
- 哈希化
- 匿名化

2. 不同类型数据的脱敏方法

可以分类讲解，更有结构感。

（1）身份类信息

- 姓名→用户A
- 手机号→ 138****5678
- 身份证→部分隐藏

适合用于：

- 统计分析
- 文档生成
- 报告整理

（2）财务数据

- 精确金额→区间表达
- 具体账户→编号映射
- 客户名称→内部编号

适合用于：

- 趋势分析
- 预算规划
- 数据预测

（3）业务敏感数据

使用项目代号替换、客户级别标签化、内部路径匿名化。

8.2.4　本地部署：降低数据暴露

当数据敏感度达到一定级别时，仅靠脱敏不够。这时可以引入“本地部署”的概念。核心思想：数据不出本地服务器。

1. 什么是本地部署

本地部署主要是模型运行在本地服务器、数据处理不经过公网、内网隔离访问、自主管理日志。

2. 本地部署的优势

数据不外传、权限可控、可定制日志策略、可物理隔离。

3. 本地部署的挑战

成本较高、维护复杂、模型更新较慢、算力需求高。

8.3 自生长助理：让AI在对话中学习你的操作逻辑

如果说前两节解决的是“安全”和“隐私”，那么本节要解决的是一个更具战略意义的问题：如何让AI助理越用越懂你，而不是永远停留在初始状态?

在大多数系统中，AI每次对话都是一次“独立交互”。对话结束，记忆消散；下次开始，一切重来。但真正成熟的Agent系统，不应该只是执行工具，而应该成为——能够持续进化的“操作模型映射体”。

这就是“自生长助理”的核心概念。

8.3.1 什么是自生长助理

自生长助理，并不是指AI自主学习所有数据（那会带来风险），而是指在可控范围内，持续吸收你的操作习惯、决策逻辑和优先级偏好。

它的成长不是靠模型升级，而是靠：

- 记忆机制
- 行为模式抽取
- 结构化总结
- 规则固化

换句话说，它不是变得更聪明，而是变得更像你。

8.3.2 为什么必须设计“成长机制”

如果没有成长机制，会出现三个问题。

1. 重复解释成本高

你每次都要重新说明：

- 优先级排序规则
- 文件命名方式
- 报告结构习惯
- 沟通风格偏好

这会让自动化系统始终停留在“新手协作阶段”。

2. 决策风格无法沉淀

例如：

- 你偏好“保守风险策略”
- 你习惯“先测试再上线”
- 你对数据异常极度敏感

如果AI无法沉淀这些特征，它就永远无法贴近你的决策模型。

3. 系统无法长期优化

自动化流程不是一成不变的。

真正优秀的系统会：

- 发现高频操作
- 自动建议流程合并
- 自动优化参数结构
- 自动减少冗余步骤

这需要“成长能力”。

8.3.3 如何让AI在对话中学习你的操作逻辑

核心方法有四步。

1. 让AI显式总结你的行为规则

不要假设它会自动推理。在关键操作完成后，加入一句：

“请总结刚才我的决策规则。”

例如：

“这次流程中，我为什么要求先测试再上线？请帮我抽取成一条可复用规则。”

AI会输出：

- 默认先测试
- 验证通过再部署
- 不直接覆盖生产环境

这一步叫：逻辑外显化。

只有外显，才能固化。

2. 把总结结果转化为“可调用规则”

规则必须变成结构化表达，例如：

默认规则：

- 修改前自动备份
- 批量删除上限100条
- 外部发送必须预览确认

这一步是：从语言变成规则模板。

否则只是一次总结。

3. 建立“默认行为触发机制”

当系统检测到类似场景时，自动触发：

- “根据你的默认规则，是否先生成备份？”
- “检测到批量删除230条，超出你的上限100条，是否继续？”

这叫：场景匹配触发。

学习的关键不是记住，而是“在合适时机调用”。

4. 允许规则升级或修正

逻辑不是固定的。

当你说：“这次可以直接覆盖。”

系统应该追问：

- “是否更新默认规则？”
- “仅本次例外？”

这一步非常关键。

否则成长会失控。

8.4　未来展望：当OpenClaw接入穿戴式设备与机器人支架

当AI仅存在于屏幕之中，它的影响力局限于“信息世界”。但当它开始接入硬件——穿戴式设备、物联网终端、机器人支架——它就开始进入“物理世界”。

这一刻，系统的本质发生变化：从“信息处理者”升级为“行为协调者”。

本节的重点不是预测具体产品形态，而是思考一个核心问题：当AI获得现实世界的执行能力，我们该如何设计安全、权限与控制逻辑？

下面我们从三个层面展开。

8.4.1　当AI接入穿戴式设备：数据维度的跃迁

以智能手表、健康手环、AR眼镜为例，当系统接入这些设备后，它将实时获得：

- 心率
- 睡眠质量
- 运动数据
- 位置轨迹
- 生理异常提醒

这些数据的意义不在于数量，而在于“实时性”和“敏感度”。

1. 从静态数据到实时流数据

传统AI处理的是：

- 文档
- 报告
- 任务日志

而穿戴式设备带来的是：

- 连续监测数据
- 高频更新
- 生理状态反馈

这意味着系统需要具备：

- 实时处理能力
- 阈值判断机制
- 异常优先级调度

2. 决策的时间窗口缩短

例如：

- 心率异常
- 跌倒检测
- 体温异常

这些场景不能等待人工确认。

这时必须预设：

- 紧急触发规则
- 自动通知机制
- 优先级覆盖逻辑

安全边界设计变得更重要。

8.4.2 当AI接入机器人支架：执行能力的升级

机器人支架（包括机械臂、移动底盘、智能执行终端）意味着：AI不再只是发指令，而是控制动作。

例如：

- 自动整理物品
- 自动配送文件
- 协助仓储操作
- 远程设备维护

这带来三个重大变化。

1. 执行结果具有物理后果

错误执行不再是“数据损失”，而可能是：

- 设备损坏
- 财产损失
- 人身风险

因此，执行系统必须具备：

- 物理空间限制
- 动作速度限制
- 紧急停止机制

2. 决策需要空间感知能力

AI必须理解当前环境状态：

- 障碍物
- 人员位置
- 动作路径安全性

这意味着未来的Agent系统必须融合：

- 视觉识别
- 空间建模
- 实时反馈闭环

3. 控制逻辑必须可分级

低风险动作：

- 灯光调节
- 设备开关

中风险动作：

- 物体移动
- 门禁控制

高风险动作：

- 机械臂操作
- 设备拆装

不同风险等级必须采用不同授权机制。

8.4.3 从“自动执行”到“环境协同”

当OpenClaw接入更多设备后，它不再是单点系统，而是一个协调中枢。

未来可能出现的场景包括：

- 根据日程自动调整办公环境
- 根据健康状态调整工作强度
- 根据会议类型自动配置设备
- 根据仓储数据自动调度机器人

这是一种“环境响应式自动化”。

系统将不再等待命令，而是根据状态变化主动触发。

但主动性越强，约束机制必须越强。